U0186532

传承百年经典

弘扬国粹美食

李玉芬　主编

苏郇菜味

河北出版传媒集团
河北教育出版社

目录

寻味篇

序

一

　　勤行的朋友，师门的同人，大家好，很高兴在这里和大家相识、相知。我是王文玉，家父是中国四大名厨之一、淮扬菜大师王兰。1920年，家父在京进入勤行，正式拜师学艺，到今年整100周年。60年前，人民政府第一次授予烹饪行业技师称号，家父名列前茅，这充分体现了党和国家对商业、服务行业工作人员的关爱。今年还是家父的得意门生——南菜泰斗高国禄先生90周年诞辰，他用毕生的精力为淮扬菜的发展与传承做出了重要贡献。

　　厨师是一个古老的职业，在旧社会地位极其低下，是一份非常辛苦的工作，人民群众的生活离不开它。烹饪技艺不只是色、香、味、器、形的比拼，还蕴含着中华民族上千年的饮食文化，是文化、艺术相互融合的结晶，是中华民族的瑰宝。淮扬菜是历史上的四大菜系之一，在中华民族的饮食行业中占有极其重要的地位：在明、清两朝的宫廷御菜中就有大量的淮扬菜；中华人民共和国成立时，淮扬菜更是被定为了开国国宴菜。中华人民共和国成立后的前二三十年，国家的重大宴会基本以淮扬菜为主，现在的国宴及重大宴会上淮扬菜仍是重要组成部分。

1952年，父亲在天津新泰楼工作，当时天津组织餐饮界技术比较好的职工大比武，他参加了。做好菜后，评判人员把菜分成几等份进行品尝，之后有人大声问："这个菜是谁的？是谁做的谁就答应。"当端起父亲的那盘菜时，他说："这是我的，我叫王兰。"工作人员就把父亲领到一边谈话，说："我们是北京来的，为政务院招收厨师，为首长服务，你愿意吗？"因父亲本身就是北京平谷人，回北京工作离家近，也就答应了。

家父分别于1952年9月9日调入中南海政务院、1954年3月调到中共中央办公厅五处做服务工作；1957年底调入北京饭店，承接了大量的宴会任务，他为淮扬菜的辉煌腾飞做了大量的工作。

在这里，我真诚感谢师门里的每一位同人，百年的传承靠的是几代人的共同努力，咱们师门里有成百上千的传人，为了淮扬菜的发展与传承默默地付出和奉献着。想到多年前和师兄高国禄畅聊新中国成立前后家门中的趣事，

二十世纪六十年代初，王兰（左四）在北京饭店传授技艺

画面仍能清晰地浮现在眼前。高师兄走后，我又和李玉芬师傅相见相识。她真是巾帼不让须眉，作为一代女掌门人，业务上刻苦钻研，勤学苦练几十年，人们对其美味佳肴的赞誉口口相传，在京城的勤行里闯出了一片天地。她知师恩似海深，离开工作岗位后，仍竭尽全力投身于承前启后、薪尽火传的事业中，如今已桃李满天下。

在此祝愿所有同人，顺风扬帆，前程似锦。大家齐心协力，同心同德，为弘扬中华民族饮食文化做出贡献。

王文玉

2020 年 10 月 24 日

序二

《寻味淮扬菜》自 2018 年出版至今，已近三年了。该书有幸被国家图书馆珍藏，这是我们师门师徒同心协力的成果，是我们共同的荣耀！

这两年在和前两代师傅家人的接触中，李玉芬老师更感到中国饮食文化中"传承"二字分量沉重，在自己的有生之年，要撑起培养接班人的这副"担子"，才对得起这个菜系传承几代的"师训"——传艺、育人！

所以，李师傅把京朝淮扬菜郇味师门的师训定为："看得见的是菜品，看不见的是人品；只有好的人品，才能做出好的菜品。"这言简意赅地说明了"菜"与"人"的关系。人品是第一位的！王兰师爷一再对其弟子高国禄师傅说："做好看家菜，看好看家菜！"言语不多，但字字珠玑。高国禄师傅一再对徒弟说："别整那没用的，做好你的菜。"其实也就是告诫徒弟"菜"与"人"的关系。

在旧社会，是"教会徒弟，饿死师父"！师父为了生存，一般不会把自己的绝技教给徒弟。近年来，李玉芬老师却在收徒、育徒方面因地制宜，通过办学艺班的方式传艺，手把手地教他们做师门经典菜肴。这一点是最宝贵的！

厨行有句格言，"厨行是个勤行"。毋庸置疑，这是厨行历代的至理名言，就是要求干这一行的人，"功夫到，本事自然真"。至今这行还是手艺活儿，来不得半点儿马虎、半点儿懈怠，"眼疾手快，环环相扣，一气呵成"！

一般来说，厨行是个男人的行当。在那个年代，李师傅偏偏投身到这个行当里，可以想象一个女孩子和壮年汉子同台比艺，不下功夫苦练能名列前茅吗？再有，她靠的就是一个巧劲儿，还有就是悉心、细心，巾帼不让须眉。2020年12月13、14日，"厨之道"请她教授淮扬菜，连讲带做，如行云流水，一气呵成，当场录下视频。事后查看视频的点击量，竟超过23.8万。

女人的特点就是心细、手巧。50多年的经验让她养成一个习惯，懂得任何事情都"预则立，不预则废"，或者说，不打无准备的"仗"！这就是在生活中、工作中养成的习惯。再拿刀工来说，厨行都懂得"七分刀工，三分火工"。别人看她操刀别具一格，据说还要研究她的刀工技艺（其实考技师时，她就有一篇阐述刀工的论文）。"工欲善其事，必先利其器"，这是古人早就总结的至理名言！居安思危，自强不息，也应该是我们持之以恒的人生信念！

柳松年

2021年2月于北京

自序

2018 年，历经三年时间编写的《寻味淮扬菜》一书于 10 月份出版了。

只为一份情分，一份信仰，一颗感恩的心，一个师父安排掌门人的责任，不能让师兄师弟们成为"野厨子"，要让他们有个师门的归属，我做到了，一颗心落地了，踏实下来了。

为了将这本书送给了解恩师的老领导，我走访了 96 岁高龄的李士靖先生、80 多岁的王文桥先生及艾广富等多位师父生前好友，他们纷纷写来"德艺双馨""传承"等赠送字帖，我就这么收下吗？在这些老人面前回味干烧鱼、松鼠鱼、麻酱海参、春卷、甜咸酥烧饼……这些地道菜肴时，我思来想去，为了不辜负他们的愿望，为了传统老匠人的手艺不失传，为了所传承的责任，我还要继续前行。

《寻味淮扬菜》一书出版后，没有想到一个月从我手中就出去七八百本，还收到很多朋友和不认识的读者的询问，有想拜师的，还有对书本的评论，我心中非常感慨，不由得想带领愿意参与的弟子们续写《京朝淮扬菜》第二部分——《郇味苏菜》。续写这本书也是"京朝淮扬菜郇味师门"2018 年 6 月 2 日由"高氏门派"转轨之日起所要做的事，记载留存下来以备后人观望。

这本书将真实记录中华人民共和国成立时期一、二、三代，改革开放后第四代至二十一世纪第五代，让"名门正派"永远延续下去，代代相传。

对那些自认名气很大、有能力但不愿意遵守师训的人，不强行留在师门，以免影响他们的发展。对那些自认为已有能力的，可另立师门，在粤菜、鲁菜、川菜等菜系开疆拓土的，将表示祝贺。

京朝淮扬菜郇味师门不求多清，但不能太浑。只为脉系承传有序，不能乱了头绪，忘祖不感恩，有负几代师门掌门人的训教。

京朝淮扬菜郇味师门要求：要有一颗感恩的心，心胸豁达，感恩师父的培养、教育，终生难忘，做一个有道德的人。告诫师门每一个人，做人应当存有底线，不该碰的不碰，决不能为达到目的不择手段，提高做人的社会道德水准。有师训，望大家遵守。

李玉芬

2021 年 1 月 27 日

郇味篇

郎：味之源

　　2016 年 1 月，中国饮食文化厨政管理委员会启动国家级烹饪专家传承工作，使我内心倍受感动。此前，"四大名厨"之一王兰之子王文玉先生传送师门谱，让我重拾信心。2018 年，我出版了《寻味淮扬菜》一书。这本书是据先师前辈的工作单位北京饭店提供的资料，还有一些查找到的 1959 年的资料创作的，并确定了此书的书名。

　　为了使技艺传承有据可查，寻找菜系渊源，探究苏菜与淮扬菜之争的历史，我翻阅了相关资料，查阅到李士靖先生于 2019 年送我的"中华文化通志"丛书中，林乃燊撰写的《饮食志》第二章《中国社会经济的发展与饮食文化的关系的形成》的第四节论述了九大产粮区的形成、南北大运河的开凿、饮食资源的交流、商品经济的发展、各类城市的崛起和七大菜系的形成、饮食文化著作迭出等内容。据此我找到了源头。

　　隋唐以后开发的农业区主要有四大片，即四川盆地、两湖地区、江南和岭南。这四大片都是中国的膏腴之地，隋唐以后的进一步开发，对全国经济的发展起着重要作用，尤为突出的是食料的生产，以及七大菜系的形成，其中包括四个地方菜系（苏、粤、川、鲁）、两个宗教菜系（素食和清真）和一个食疗菜系。

苏系形成于长江中下游地区。此地区东临东海，同时还拥有长江中下游的广阔腹地，河湖交错，种植业、养殖业和海洋捕捞业都十分发达。苏菜发源于苏州及随后的杭州和扬州。苏杭菜和淮扬菜是苏系的两个中心菜种。春秋时期，吴国以苏州古城为都城。这一时期，吴、楚地区在经济文化上的交流十分密切。在《楚辞·招魂》中记载，楚国曾聘请吴国的厨师来烹调一道美味的酸辣羹。随着越吞灭吴，楚打败越，又带来了吴、越、楚经济文化的大交融。汉武帝平定闽越后，下令将大批闽越人迁往江淮地区安置，这一大规模的迁徙也为苏菜带来了闽菜的成分。随着朝代更迭，经济和交通的发展，华东地区的金陵、镇江、无锡、常州等城市先后崛起，为苏菜带来了动力。隋炀帝开凿京杭大运河，使得淮安、扬州和杭州繁荣起来；南宋时期，大量中原地区的厨师从汴京（今开封）迁到临安（今杭州）；近现代以来，上海、宁波等城市崭露头角，这些城市的发展变化也使苏菜得到进一步的发展和提高。经过历史的不断发展与积淀，才逐渐形成了如今的苏菜。

苏菜先后以苏杭菜和淮扬菜为中心，涵盖地域以江苏、浙江为中心，远及福建、江西、安徽、湖南、湖北各省的大部分地区，融合了这一大片地区的许多菜种。如把苏系看作淮扬菜，或说苏菜出自盐商口味等，都是以偏概全之说。

由于六朝和南宋的都城都在苏系的地域，加上南北大运河通航 1000 多年，华东各大城镇成了南北人民长期交会的地点。为了适应南北人的口味，苏菜的一个显著特征是味兼南北。苏系厨师既善于做出清炒、清熘的南方系列爽口菜，又善于做出像火腿炖肘子、烧炖狮子头、炒鳝糊等高热量、浓口味的美馔。苏菜的菜目中，南北人都能接受的中性菜肴特别多。由于盛产湖蟹河虾，苏系的河鲜菜特别突出，松江鲈鱼、富春江鲥鱼和江苏的大闸蟹，都是驰誉越千年的美食。蟹黄系列点心、灌汤包子、宁波汤圆等，都是全国闻名的小吃。

江苏菜原有四大风味，淮扬、金陵、苏锡、徐海，如今迎来京朝（北京）淮扬菜，形成五大风味。后面我们将详细介绍这五大风味。

风味一：淮扬风味菜

淮　安

　　淮安是中国历史文化名城,素有"运河之都""九省通衢"之称。明清时期,淮安府城成为跻身全国前十名的大都市,达官贵人纷至沓来,文人墨客群集而聚,行商坐贾云集于此。

　　淮扬菜这一名称,最早可从清末杨度所撰的《都门饮食琐记》一文中得到查证:"淮扬菜种类甚多,因所代表地域亦广,北自清江浦,南至扬镇,而淮扬因河工盐务关系,饮食丰盛,肴馔清洁,京中此类极多。"淮扬菜名称的由来,不只是地理上的一种习惯说法,同时也体现了淮安在淮扬菜系形成、发展过程中所处的重要地位。淮安因漕运总督、河道总督等各大官署的陆续驻节,曾一度成为江淮一带的政治中心,更为该地带来了大量的社会消费需求。明清时期,淮扬菜也因淮安驻节较多朝廷高官得到了发展,趋于鼎盛。

　　在淮安的史料文献中,与宴饮相关的记载颇多,有涉及饮食规格、规矩的，如明万历年间《淮安府志》记载"淮安饮食华侈，制度精巧，市肆百品，夸视江表"；有描写宴会规模的，如清康熙年间《淮安府志》记载"涉江以北，宴会珍错之盛，淮安为最。民间或延贵客，陈设方丈，伎乐杂陈，珍氏百味，一筵费数金"。清末民初徐珂编撰的《清稗类钞》的"饮食类"中介绍了我国最为著名的五种筵席：满汉全席、燕窝席、全鳝席、全羊席、豚蹄席。淮安就有其中的全鳝席、全羊席二席，不愧为美食之都。

淮安菜是南味的正宗师承者，向来以典雅、精致、清淡、平和为其文化特质，重视调汤，讲究原汁原味，并以刀工精细闻名全国。名馔有淮安软兜、炮虎尾、生炒蝴蝶片、平桥豆腐、淮山鸭羹、蟹粉蒲菜、碧玉羹、燕菜银鱼、清蒸白鱼、蟹粉烩鳖裙、洪泽湖大闸蟹、盱眙龙虾、活鱼锅贴、码头羊肉、文楼汤包、淮饺三吃、淮安茶馓等。

扬 州

扬州是淮扬菜的发祥地之一，东南佳味的正宗师承者，饮食文化源远流长，自成特色。关于扬州地名的由来，最早见于《尚书·禹贡》："淮海惟扬州。"这一个广泛的地理概念包括今淮水以南、黄海、长江广大地域内的江苏、安徽、江西、浙江、福建等省。杜佑《通典》中记载，唐代在古扬州地域内设有三十九个郡府，一百九十六个县。这个"扬州"虽然包含了今天的扬州地区，但和今天的扬州是不能混为一谈的。

如今的扬州地区，春秋时称"邗越"，秦汉时称"广陵""江都"等。汉武帝时，设有扬州刺史部。这个刺史部管辖的范围相当于今天的安徽淮河以南部分、江苏长江以南部分及江西、浙江、福建三省，湖北英山、黄梅、广济，河南固始、离城等地。东汉时治所在历阳（今安徽和县），末年迁至寿春（今安徽寿县）、合肥（今安徽合肥市西北）。三国时魏、吴各置扬州：魏治寿春，吴治建业（今江苏南京）。西晋灭吴后复合，治建邺（建业改名）。隋开皇九年（589年）改吴州为扬州，但总管府仍设在丹阳（今南京）。唐初，名称屡有更改。唐高祖武德九年（626年）复称扬州，治所在今扬州。

扬州是一座具有2500多年历史的文化古城，汉代即已"熟食遍列"。南朝时期，扬州"珍馐异味"闻名于世。大运河开凿及至唐代，扬州成为南北交通枢纽，东南经济文化中心。"水落鱼虾常满市，湖多莲芡不论钱"成了扬州水产丰富的生动写照。明太祖朱元璋垂青扬州菜，钦命扬厨专司宫廷御膳。明成祖迁都北京，扬州菜扎根京师，得以传播。隋炀帝三幸江都，清代康熙、乾隆两帝六度南巡，促进了当地烹饪技艺的发展。

扬州菜两汉时期萌生，隋唐时期兴盛，至明清时期达到鼎盛。其特点为选料严谨，刀工精细，擅用炖、焖、烧、烤，口味适中，南北皆宜，重视调汤，讲究原汁原味。代表菜肴有清炖蟹粉狮子头、拆烩鲢鱼头、扒烧整猪头、大煮干丝、三套鸭、冬瓜盅、三丁包子、翡翠烧卖、千层油糕等。

镇　江

镇江菜是淮扬菜中的一支。《中国名菜大全》一书中这样写道："淮扬菜是淮城、扬州、镇江菜的总称，在中外久已享有很高的声誉；而且各大中城市的菜肴各具特色，品种繁多。其中尤以扬州、镇江等菜色具有特殊风味。"

镇江菜的形成与当地经济的发展密不可分。镇江的地理位置贯通南北，连接东西，长盛不衰的江南漕运推动了镇江经济的发展，带来了商业、手工业、服务业的全面繁荣，南来北往的商贸也对独特的镇江菜影响巨大。

隋唐时期，开通大运河后，这条水上大动脉联结了镇江与中原地区，又沟通了杭州，使镇江与中原和南方地区在文化、物产方面互通有无。镇江因此成了长江和运河交集的十字路口。明清时期，有关江南题材的作品中，谈及饮食都回避不了镇江的江鲜之美。冯梦龙曾在镇江做教谕，"三言"中不仅有"白娘子永镇雷峰塔"的传奇故事，还有很多对饮食餐宴的描述，这些都是当时镇江宴席的写照。《红楼梦》的一条夹批提到"三月于镇江江上啖出网之鲜鲥矣"，其中的镇江鲥鱼正是明清时期的贡品。清代康熙、乾隆两位皇帝下江南巡视运河、途经镇江时，设御宴款待臣僚缙绅，席间各色菜肴争奇斗艳。这种宴会形式在一定程度上促进了满汉菜肴的交流，对镇江菜的发展起到了极大的推动作用。当地至今还流传着"乾隆御宴"的盛名。在《清稗类钞》的"饮食类"中也有记载："肴馔之有特色者，为京师、山东、四川、山西、广东、福建、江宁、苏州、镇江、扬州、淮安。"由此可见，镇江菜在晚清时期即享有盛誉，成为淮扬菜的重要一环。民国时期，镇江因是江苏省会，又与南京邻近，吸收了从苏北地区南来的饮食厨艺精髓，加之此地云集了晋、陕、鲁等各地的名厨名菜，也进一步丰富了镇江菜的技术。

镇江通过大运河不断和外界交流，促进了当地淮扬菜系的文化传承与发展，形成了独特的镇江味道，造就了一大批名店，确立了镇江在淮扬菜系中的重要地位。

镇江菜肴在火候上讲究以烂为主，擅长炖、焖、烧、烤等技艺，讲究原汁原汤，咸甜适宜，选料精细，主料突出。代表菜肴有狮子头、鸡汁干丝、清蒸鲥鱼、熘鳜鱼等。此外，点心小吃也很有名，如蟹黄汤包、白汤大面、三丁包子、翡翠烧卖等。

风味二：金陵风味菜

南京菜也称金陵菜，还有另一个传统叫法：京苏大菜。

南京菜是什么时候出现的，说法不一。有说最早是在2400年前的春秋时期。也有说在三国时期，孙权定都建业后，当时社会经济快速发展，南京作为全国最大的商埠，金陵豪客"珠服玉馔"，餐饮盛极。也有人以六朝的"天厨虞悰"证明当时的烹饪技术达到了极高的水平。南京著名烹饪大师胡长龄说："所谓'京'，是指南京，六朝京都；'苏'，是指江苏。'大菜'是形容南京菜的名贵、典雅、华美、大方。"菜肴细巧可分可合，口兼南北。

南京素有"六朝古都""十朝都会"之称，地处南北交会之处，是江南鱼米之乡，水陆交通便捷，商贸互流通畅，经济富庶繁荣。此地云集商贾富人、官场政要、文人骚客，融汇江南精细的民风民俗，通过各种文化的熏陶，孕育了独一无二的南京美食文化。菜品体现出汇聚包容，形成了特有的美学理念与艺术形态，雅而不淡，奢而不俗，从容大气，平和中彰显力度。

从历史上的名篇巨著中也能领略南京菜的风情与风光。杜牧的《泊秦淮》中"烟笼寒水月笼沙，夜泊秦淮近酒家"写出了唐代南京餐饮业的发达，吴敬梓的《儒林外史》、曹雪芹的《红楼梦》将南京菜的豪华别致写得具体真切。而南唐顾闳中的《韩熙载夜宴图》更是以视觉艺术直接表现了金陵菜盛宴的光彩。

北宋人陶谷的《清异录》中"建康七妙"云："金陵，士大夫渊薮，家家事鼎铛……"清代才子袁枚的《随园食单》、陈作霖的《金陵物产风土志》、张通之的《白门食谱》则以实录的方式，精准地呈现出南京菜的色、香、味、形。

南京菜原料多以水产为主，注重鲜活，刀工精细，善用炖、焖、烤、煨等烹调方法，口味平和，鲜香酥嫩。菜品细致精美，格调高雅。其口感辣而不烈，脆而不生，咸而适度，苦而滋补，酸而去腥，臭而味正，浓而不腻，淡而不薄。

苏菜的很多名菜出自南京，如北京烤鸭就是从南京随明朝皇帝一起过去的。河南名菜桶仔鸡、扬州名菜三套鸭均源于南京菜。"炖生敲"是南京菜中的经典名肴，也传到了北京的宴席之上。

南京沙洲圩的水八鲜、六合的龙池鲫鱼、乌龙潭的乌背青鱼、南乡的"四绝"、苋菜、芦蒿、菊花脑，无不体现南京人家常菜的普通又不平凡。

说起南京菜中的典范，不能不提盐水鸭。早在清代，盐水鸭即以"淡而旨，肥而不浓"的"无上品"著称，为南京鸭馔之佼佼者。盐水鸭选料讲究，程序严格。有口诀"炒盐腌，清卤复，烘得干，焐得足，皮白肉嫩香味足"，从中能体会出制作者的认真，食用者的检验也有一定的标准。

风味三：苏锡风味菜

　　在我国四大传统菜系中，传统意义上的淮扬菜是在两淮地区，是因长江（扬子江）下游的独特口味和品质而得名。苏州菜更是淮扬菜中的一朵奇葩。

　　随着苏州经济实力已经跃升全国十强，苏州菜在全国的影响也越来越大。然而，什么是苏州菜？苏州菜的特点和优势是什么？苏州菜是在苏州地区经千百年积淀而形成的、具有独特地方口味的菜宴总称，其中融入了苏州的饮食文化与民间饮食风俗。

　　历史上，苏州菜有皇家菜、官府菜、士绅菜、酒楼菜、船菜、家庭菜、寺院菜、清真菜等类别。如今，菜宴融合，以宾馆菜、酒楼菜、农家乐等为主。随着经济社会发展、新的餐饮业态出现，苏州菜会更加丰富多样。

　　苏州有"好食时新"的饮食风俗，这是基于苏州处于太湖平原，雨量充沛，光热条件好，气候四季分明。粮米、蔬果、水产、禽畜等物产丰富，应季而出，苏州不时不食的饮食习俗有了物质保障，同时形成了苏州独特的菜肴时令品种，如一年"四块肉"，春天吃樱桃肉，夏天吃粉蒸肉，秋天吃扣肉，冬天吃酱方，就是用猪肉按照四季做出与四季相对应的猪肉菜肴。当然还有如酱汁肉、虾子白切肉、走油肉、乳腐肉等，也是随着季节出现。此外，苏州有"十二月鱼谚"，也是按一年十二个月来吃不同的淡水鱼。

健康长寿是人们对生命的追求，饮食是维持和养护健康的重要方式。苏州人注重营养保健源于两个因素：一是自然。苏州四季分明，每次季节交替都会产生独特的气候环境，加之江河湖众多，处于水湿之地，需要人们去适应、调节，因而产生了饮食保健的需求。二是人文。苏州崇文，又是一个商贸繁华的城市，人们注重饮食养生，推动了医学和饮食的发展。苏州是中医"温病学派"的发祥地，也是"苏州菜"的发祥地。

苏州菜注重时令之变与菜肴结构、烹饪方式、风味特点、菜品形式等的有机结合。春季生发，夏日消暑，秋时润燥，冬天补养，做到食、医相辅。苏州菜在烹饪技法上，擅长炖、焖、煨、焐等文火工艺，以及炒、煸、爆、熘等急火技艺。菜肴要求风味清鲜，浓而不腻，淡而不薄，酥烂脱骨又不失其形。苏州菜口味以咸鲜为基味，以甘味调和，保持原汁原味，清雅多姿。菜品注重刀工、色调搭配，器与菜合，菜与境融。不同时节有不同时节的菜肴与风味。苏州"好食时新"，不仅有应季食材，还有应季风味。"味，是餐饮的灵魂"，因而，苏州菜有很强的生命力。

在中华餐饮文化中，苏州菜有其独特的饮食体系，其时令、菜式、风味、保健、技艺等诸多文化内涵，符合人们对生活品质的追求，体现了饮食文化的品位与价值，得到了人们的接受和认同。即便在目前饮食文化多元冲突的情况下，苏州菜一时似被湮没，但其柔和之味、应时之食、养生之质，终将会受到人们的青睐。

风味四：徐海风味菜

所谓徐海菜，指的是从江苏徐州向东沿陇海铁路至连云港一带的地方风味菜。之所以称这一区域为徐海，是因为连云港的古称为海州。徐州和连云港位于江苏北部，北邻山东。中国第一位在典籍中留名的职业厨师，被尊为厨师的祖师爷的彭铿就出自徐州，他还留下了雉羹、羊方藏鱼等名菜。

徐海菜受鲁菜影响，菜肴色调浓重，口味偏咸，属江苏菜里偏咸的一支。即便如此，相较于北方菜的重油重盐，徐海菜还是清淡了很多。肉食五畜俱用，海味尤佳，尚使五辛，擅用煮、煎、炸等烹调技艺。

秦汉时期，刘邦、项羽等人曾在徐州聚众收兵，引来商贩云集，振兴了当时的市肆饮食。徐州地区出土的汉画像石中，有大量的图像表现了当时的饮食文化，有的展现了鸡、鱼、兔、雁、鹿等烹饪原料，有的呈现了庖人凭案宰牲、烧火做菜等场景。唐时韩愈曾在徐州为官，因喜食鱼，自制烧鱼，后人称之为"愈炙鱼"，意为韩愈烧炙的鱼。宋代的苏东坡自称"老饕"，曾任职徐州知州，他自制的东坡回赠肉、醉青虾、五关鸡、金蟾戏珠这四道菜被后人称为"东坡四珍"流传下来。徐州诗人时鸿有诗云："学士风流号老饕，烹调有术自堪豪。四珍千载传佳味，君子无由夸远庖。"到了明代，食疗菜在徐州广泛出现。

徐海菜源远流长，在中国的烹饪历史长河中占有非常重要的地位，经过历朝历代各位大厨的发展和传承，形成了一批较有特色的菜品。其中一些重要的历史名菜，特别是易牙五味鸡、霸王别姬、鸳鸯鸡、乐天鸭子、愈炙鱼、纪妃伴龙颜、古沛郭家烧鸡、梁王鱼、东坡回赠肉等，一直保留至今。

风味五：京朝（北京）淮扬风味菜

　　中国人，逢大事必淮扬。作为曾经的"官菜""文人菜"的淮扬菜，历经千年仍不失当年的风范，如今被冠以"国宴菜"之称。那么，京朝淮扬菜又是缘何而来的呢？

　　乾隆四十五年（1780年），清高宗乾隆帝巡视南方时，曾下榻扬州安澜园陈元龙家，陈府家厨张东官为乾隆帝烹制菜肴。乾隆帝食后，极为赞赏，其后陈元龙推荐张东官担任乾隆帝的御厨。张东官进京，随之将淮扬菜带入了北京。北京的食材物产与江南差异较大，但凭借纯熟的烹饪技艺，依据北方人的口味特点，师傅们因地取材、因材施艺，在不失原味精髓的同时，又以滋味调和，食物配伍为长，继承发展出别具特色的京朝（北京）淮扬菜，在京城显赫一时，有"路经食客闻香下马，社会名流齐聚"之盛况。张东官曾在热河行宫及紫禁城内主理御膳事宜，这些均记载在内务府御膳房的档案里。当时京城称之为"苏灶"，坊间则误传为"苏造"。京城饮食界广为效仿，世称"民承官俗"。

这是江苏菜进京的里程碑。清中叶康乾盛世时，北京饮食业最为兴盛，知名的餐馆"八大春"均以"春"字为堂号，有"长安十里遍是春"之称。1930年"同春园饭庄"在西单开业，至1946年仅存"同春园"一春经营江苏（侧重镇江）风味。

1961年，爱新觉罗·浩（嵯峨浩）出版的《食在宫廷》一书中详细记载了宫廷苏灶制作技艺，并描述了当年北京淮扬菜与江苏菜肴的明显差异，还记录了当年的北京淮扬菜依然保留着康乾盛世时期的技艺和口味，初称为"京朝"北京淮扬菜。

京朝淮扬菜，近百年名气不衰，且在江苏菜系中的权威为烹饪界和美食界所公认，根本原因就在于，京朝淮扬菜系宫廷及历代名厨智慧的结晶，且拥有一批严格按照老规矩培养出来的优秀人才。厨师们在老一辈师傅们的辛勤教诲下，继承了京朝淮扬菜烹饪的传统技艺。他们手艺精良，技术全面，功底深厚，作风严谨，恪守传统，而又富于创新。他们丰富多彩的创作形成了京朝淮扬菜的独特风格，推动着京朝淮扬菜风味的不断发展。

京朝淮扬菜博采众长，自成一派。菜肴讲究清淡入味，淡而不薄，浓而不腻；清汤清澈见底，浓汤醇厚如乳；咸甜适中，适应面广；酥烂不失其形，滑嫩不失其味。选料更是严谨，注重"料贵于鲜，料贵于时，料贵于精，料贵于用，料贵于名"，制作精细，因材施艺，四季有别。注重在烹饪技艺上，擅长炖、焖、蒸、烧、炒、煟等，注重保持原汁原味。

味之经典一: 老字号同春园

现今的淮扬菜老字号同春园曾用名号"镇江饭庄"。这里记录着淮扬菜与我的前半生，这里成就了我与淮扬菜的故事。我在这里学艺，在这里拜师。

苏菜技艺传承谱系

同春园饭庄，1930年开业，开业地址位于西长安街37号，掌柜郭干臣，北京人，经理于宝元，江苏江都人。

一代: 不详，任那王府、庆王府御厨。

二代: 不详，任那王府、庆王府御厨。

三代：王世忱，1893 年生，御厨家传，去镇江学习后，根据北方特点将苏菜进行改进。同春园技术骨干，北京餐饮界名厨。北京市级二级，工资 115 元。

四代：高国禄，从众多弟子、技术人才中脱颖而出。挑选生产大组长收为徒弟，1986 年收 2 人（张万增、杨崙），1993 年收李玉芬等 16 人。正式指定李玉芬为高氏门派掌门人。

同春园技术骨干：

1. 王世海：1911 年生，1971 年退休。擅长冷、热菜和刀工，技术全面，1959 年区级二级，工资 79 元。

2. 丁永元：1912 年生，1972 年退休。刀工技术突出，1959 年区级二级，工资 79 元。

3. 黄占长：1921 年生，1981 年退休。擅长火工，白汁菜突出，1959 年区级二级，工资 79 元。

4. 高国禄：1930 年生，1992 年退休。擅长淮扬菜及川菜融合创新，1959 年区级二级，工资 79 元。

5. 李之林：1904 年生，1964 年退休回上海。1959 年区级二级，工资 79 元。

6. 于云魁：1936 年生，1964 年退休回上海。1959 年区级二级，工资 79 元。

7. 王家栋：1936 年生，王世忱侄子。

8. 张万增：1937 年生，1953 年到同春园，曾是王世忱徒弟。

9. 杨崙：1938 年生，1956 年到同春园，曾是王世海徒弟。

10. 李玉芬：1945 年生，1963 年到同春园实习，1964 年正式分配到同春园，党支部指派为丁永元徒弟，1980 年调离同春园。

味之经典二：开国第一宴

　　1949 年中华人民共和国成立之初的"开国第一宴"上都有什么菜呢？很多人比较好奇。身在厨行，我也搜集了很多相关资料。

　　红烧鱼翅、红烧狮子头、红烧鲤鱼为国宴三红一绝，大锅菜，小锅味。

　　据了解，"开国第一宴"的菜品中淮扬菜居多，但因时隔久远，流传的菜单版本众多。以下是我搜集的不同版本的"开国第一宴"的菜单。

网络版一

冷菜

酥燻鲫鱼　油淋仔鸡　炝瓜条　水晶肴肉
虾子冬笋　折骨鸭掌　香麻海蜇　腐乳醉虾

头汤

乳香燕菜汤

热菜

红烧鱼翅　鲍鱼四宝　红扒秋鸭　扬州狮子头
红烧鲤鱼　干烧大虾　鲜蘑油菜　清炖土鸡

点心

肉末烧饼　淮扬春卷　豆沙包子　千层油糕

网络版二

冷菜

酥燠鲫鱼　油淋仔鸡　炝瓜条　水晶肴肉
虾子冬笋　折骨鸭掌　香麻海蜇　腐乳醉虾

头汤

清汤燕菜汤

热菜

红烧鱼翅　鲍鱼浓汁四宝　东坡肉方　扬州蟹粉狮子头
鸡汁煮干丝　干烧焖大虾　全家福　翡翠清炒虾仁

点心

肉末烧饼　淮扬春卷　豆沙包子　千层油糕

"北京饭店"版

冷菜

兰花干　油淋仔鸡　五香鱼
水晶肴肉　桃仁冬菇　炝黄瓜条

热菜

罐焖鲍鱼四宝　干燔大明虾　红烧狮子头
鲜蘑油菜心　红扒秋鸭　红烧鳜鱼　清炖土鸡汤

点心

千层油糕　豆沙包子　炸春卷　菜肉烧卖
精美水果盘

《北京志·商业卷·饮食服务志》版

冷菜

芥末鸭掌　酥燔鲫鱼　香麻蜇头　虾子冬笋
镇江肴肉　炝黄瓜　条罗汉肚　桂花鸭子

热菜

蟹粉狮子头　全家福　东坡肉方　鸡汁煮干丝
口蘑焗焖鸡　清炒翡翠虾仁　鲍鱼浓汁四宝　菠萝八宝饭

点心

炸年糕　艾窝窝　黄桥烧饼　淮扬汤包

师承篇

师门缘起：郡味

中国是拥有5000多年悠久历史的文明古国，各行各业存续业态种类繁多，门派来源多样。烹饪行业最早以地域划分为传统的"四大菜系"，以川菜、鲁菜、苏菜、粤菜为代表，各大菜系之中又派生出各种门派、各种风味。

苏菜，指江苏菜，由金陵、淮扬、苏锡、徐海风味组成。这四大风味的形成离不开地域特点，它们同属江苏风味，但又同中有异，各有千秋，各具特色。

北京，作为政治文化中心，从明清时期至今，都是最高权力中心，所以北京的官员最多，且来自南北。为了适应首都的包罗万象，菜肴口味进入北京都要有所改变与提升，因地制宜，因材施艺，这就演变诞生了京朝淮扬菜风味。淮扬菜在北京备受欢迎，满汉全席还把淮扬菜作为汉菜的代表。淮扬菜进入宫廷，历史上也有记载：乾隆皇帝下江南带回江苏籍厨师张东官，在宫廷御膳房组建"苏灶"，为乾隆皇帝烹制御膳。

直到中华人民共和国成立后，"开国第一宴"上以淮扬菜为主招待嘉宾，并将淮扬菜大师王兰等人誉为开国"四大名厨"，以"四大名厨"之一王兰为代表的京朝淮扬菜脉系形成了。后其高徒老字号名厨高国禄承袭京朝淮扬菜风味，形成高氏门派并任掌门。高国禄一生收徒 18 人，亲自定掌门人李玉芬执掌高氏门派，传承京朝淮扬菜。2018 年 6 月 2 日正式转轨成立"郇味师门"，李玉芬继任掌门。

2019 年 5 月 11 日，中国烹饪艺术家年会暨首届中国烹饪艺术百佳师门大会在北京隆重召开。这是中国首次全国各省、自治区菜系的师门群英大会，是中国餐饮行业难得一见的盛会。东方美食研究院刘广伟院长在大会上提出，中国菜肴博大精深，传统的"四大菜系""八大菜系"不能全面地体现中餐全貌，特提出 34-3 菜系划分构想，按照现行 34 个省级行政区域划分，覆盖全面，边界清晰，且明确了菜系、流派、门派三级体系，既有广度，又有深度。以此为依据明确了京朝淮扬风味与金陵、淮扬、苏锡、徐海风味并称江苏菜"五大风味"。大会上，国宝级烹饪大师李玉芬带领京朝淮扬菜郇味师门荣获"首届中国烹饪艺术百佳师门"荣誉称号。

京朝淮扬菜郇味师门的前身是高氏门派，承袭开国"四大名厨"之一、淮扬菜大师王兰和老北京名厨王世忱，身怀两大家绝技于一身，延绵至今。脉络清晰、传承有序的京朝淮扬菜门派，从门派创始人开始，历代掌门人和弟子多为国家领导人服务过，在涉外国宴中为国扬名，为中国厨艺享誉海外做出过突出的贡献，同时还培养了无数行业技艺人员，很多都已经成为厨界有突出贡献的大师，为保持京朝淮扬菜正宗技艺的传承，为京朝淮扬菜的推陈出新，为国家饮食类非物质文化遗产的继承，做出并将继续做出自己的贡献！

郇味传承之道

做人如做菜，做菜如做人。

人品：最主要的不是能力，而是人品。能力再高，人品不好，也得不到他人的信任和重用。

做事：最主要的不是成绩，而是良心。成绩再好，没有良心，也得不到别人的肯定和赏识。

一个人要想赢得别人的信任和尊重，就要有一个好人品。人品好，一切才会好；人品正，做啥都易成。物以类聚，人以群分；近朱者赤，近墨者黑。和什么样的人在一起，就会变成什么样的人。

想要把人做好就要和人品好的人来往。而那些人品不好的人，为人不厚道，爱占人便宜，我们要远离。以自我为中心，重名重利，抢人好处，心胸狭窄，没有底线，这样的人，一定别靠近！

不懂感恩的人，心地不善的人，不记他人的好，不感激他人的帮助，还把恩情抛之脑后。要记住，善良是天性，感恩是修养。

言而无信、不诚实的人，欺骗别人的信任，利用别人的真心，这样的人，生意上没人合作，生活中无人靠近，什么都干不好，什么都不能信。人无信而不立。

做人钱财名利不是第一，身份地位不是第一，只有人品才是第一。只要人品好，貌丑家贫也会受人尊重，让人信服。

做人什么都可以没有，唯独不能没有人品；什么都可以丢，就是不能丢人品。人品是做人最硬的底牌，也是最好的财富，比钱值钱，比金珍贵。有了好人品，才是无价之宝；把人做好了，才算真正的成功。

人品，是做人的底牌；人格，是做事的底线。一个人的人品，折射在一个人的言行；一个人的人格，反映在一个人的外在。人品好的人，低调不惹是非；人格好的人，真诚不玩虚假。

做人，就要以人品为先。人品好，才会有人欣赏，才会被人看重，才有更多机遇。做人不但要守该守的本分，还要有处事的底线。再难再穷，不言而无信；再苦再累，不欠债不还。

高尚的人品聚人，正直的人格赢心。

记住:

把诺言，留给诚信的人。

把在乎，留给重情义的人。

把坦诚，留给忠厚的人。

把忠义，留给交心的人。

把善良，留给感恩的人。

把真心，留给珍惜的人。

郇味话传承

1993 年，师父高国禄指定我为高氏门派掌门人。

2010 年，王文玉给我送师门谱，是一种渴望情感、传承寄托的寻找。

2015 年，参加中国食文化研究会举行的国宝级大师崔玉芬先生的收徒仪式，激励我为延续高氏门派不断努力。

这些促使我用三年的时间完成了《寻味淮扬菜》的出版。书里记录了淮扬菜的历史、发源、地理位置分布、菜系风味特点及代表菜肴，重点在京朝淮扬菜的形成、生存与发展。

我做到了，2018 年出版《寻味淮扬菜》。

我做到了，2019 年完成三期学习班的传承。

能否有人承传下去，我不知道，条件、精力、环境都有限，只能尽力去做。在做的过程中，我主要是面向师门，寻找传承人。我希望我的弟子们都是传承人，这是希望，愿望。

根据师门几代老前辈为人做事实实在在的特点，我对师门弟子提出了要求：

　　　　谦虚谨慎，诚实做人。
　　　　勤奋刻苦，努力做事。
　　　　不求轰轰烈烈，只求扎扎实实。

郇味师门的管与教

　　管理师门，首先要让师门的人理解师门的理念、文化，然后再传承师门技艺。对于不遵守门规的人员，要进行清理、划分，不适合的劝退。将遵守门规、愿学本门传统技艺、能主动做有益于师门事的人员，纳入学习班，从中挑选出色的学员为"传承人"，通过申报、审查，合格并获得认可后，颁发传承人证书。

　　在 2018 年完成《寻味淮扬菜》一书出版的同时，也随之编写了《京朝淮扬菜》第一册。这本书只在师门内部发行，大约印制 50 本。为什么只在师门内部发行？一方面是因为资金不足；另一方面是因师门成员不断增加，需要把能进师门的真正人才编入。2019 年 12 月 7 日，我正式宣布"关门了"，有缘的随缘，无缘不再叨扰。

　　今编写第二本《京朝淮扬菜》，希望在有生之年明确传承师门的根系，脉系传承的代数。因社会变革改动，已不再是真正的师传带徒。作为京朝淮扬菜郇味师门的掌门人，我对徒弟有一定的要求，即要做到传艺、育人。通过举办学习班，进行技艺传承和重点培养；没有条件的时候，采用微信讲、读、教，比菜肴、教基本功等形式进行传授。我要求学员起码掌握2个师门传统菜及技法，要求传承人掌握8个菜肴，并有一个绝技手法。

京朝淮扬菜是在北京传承的一个派系，从能够追溯到的祖师爷创派开山到闯出名望，从收徒到开枝散叶传承数代，也算是为中华民族文化、为中华食文化、为北京城市文化史册留下了一点儿小小的记忆。希望我们无愧为"四大名厨"之一、淮扬菜大师王兰的徒子徒孙，为祖师爷留下印记，也希望后人续写新的篇章。

师徒缘："求师"与"选徒"

　　"求师不专，则受益也不入"，意思是说求师不专一，受益虽有，学业却难致精深。选择嫡传弟子的时候更要谨慎。嫡传弟子与普通学员不同，至少在师父眼里嫡传弟子更能代表师门，师父的传承也更多地呈现在嫡传弟子身上。

　　我希望把本门的手艺传授给更多的人，但选人我有自己的标准。能够做好菜的首要条件就是能坚持，离开时间的沉淀，成就不了行家里手。第二就是自律，自我管理毫无章法，没有规矩和条条框框的约束，自家门派就和社会小餐饮没有区别了。第三是悟性，悟性高的人学起来也更快。我给徒弟们上课的时候，无须讲高深的大道理，只要往那儿一站，每一个动作，都是对他们最好的教育。

　　厨师行业是个勤行，不能有懒惰的思想，要持之以恒，干一行爱一行，坚持下来就会有好的结果。现在整个大环境都比较浮躁，作为厨师要耐得住寂寞，守得住本分。正如淮扬菜的煮干丝，要把一块手掌大的豆腐干，整齐划一地切成上千根厚薄、长短均匀的豆腐丝，没有深厚的功底是做不来的。只有静下心来，扎扎实实地把每一样食材的处理方法和烹制方法都了解清楚，做出的菜品才能打动人。

虽然随着社会的进步，烹饪原料越来越丰富，在传统菜中也不断加进新的元素，但仍不能脱离传统的味型。淮扬菜虽然注重刀工、火候，但核心在"味"，丢掉"味"就等于丢掉了中国传统的烹饪技艺。能令顾客回味的是食物的美味。作为厨师，还是要把最重要的口味问题研究透了，再考虑创新的事儿。

中华民族饮食文化源远流长
——在"中国好师门"活动中的讲话

组委会各位领导，各位来宾，餐饮界的朋友们：

大家好！

今天是厨师界的一件盛事，"中国好师门"活动是对中国厨艺传统的肯定和宣扬，更是传承，而传承是中国饮食文化的延伸。值此盛会，向在座的大师们、朋友们介绍一下京朝淮扬菜郇味师门。郇味师门前身是高氏门派，自 2018 年 6 月 2 日慧聪网烹饪大赛以淮扬菜展台展示开始，就转换为郇味师门！

吃水不忘挖井人 —— 郇味师门不忘师恩

自古道，民以食为天。1962 年，正在长身体的我 17 岁，当时也是国家的困难时期，能够吃饱便是最幸福快乐的事。为了不挨饿，父亲给我选择了北京市服务学校烹饪专业。走进学校学习的第一堂课是北京市饮食业有名望、有文化的老厨师赵常斌老师教授的；到实习单位学艺时遇到的第一位厨师长是高国禄师傅；走上工作岗位是党支部书记冯占甲给我安排的，认了当时刀工颇高的先进工作者丁永元为师。

1993年，我已经48岁了，高师傅找到我，要收我为徒，于是我便拜在南菜泰斗高国禄门下，我们立有师徒合同为证！从此我有了师父，有了师门，有了归属，有了方向，有了目标——传承京朝淮扬菜。高师傅2001年辞世，老字号改制、拆迁，京朝淮扬菜也慢慢被人淡忘了，后人也不知道高国禄是谁，师兄弟们都有些慌了，我们都快成野厨子啦！

2006年，我写了一篇纪念恩师高国禄的文章，因文章中提到了高国禄师从中国"四大名厨"之一、淮扬菜大师王兰，引来了王兰之子王文玉，他历经4年时间终于找到了我这个撰稿人。见面后，他把"师门谱"送到我手中！这其中蕴含的是一种感激之情，也是一种信任、一种寄托，更是我应该肩负起的责任，使命感油然而生！2014年，中央电视台《忆旧》栏目邀请王兰之子王文玉、罗国荣之子罗楷经，回忆老一代"四大名厨"的故事，鼓励我们要一代代传承，不忘根本。

2015年，中国食文化研究会举行国宝级大师崔玉芬先生的收徒仪式。我受我的师姐崔玉芬和她的徒弟肖玉彬的邀请参加，会上他们慷慨激昂的话语打动了我。在他们的鼓励下，文化水平不高的我拿起了笔，完成了《寻味淮扬菜》一书的编写。该书记述了几代本门厨师传承的经历，菜肴演变、沿革的过程，师承脉系及我的人生历程。

传承不守旧，因地而制宜

郁味师门走到今天，正是因为有前几代师尊们的艰辛付出，从民国时期开业的江苏风味菜馆一路摸爬滚打，由不景气到生意兴隆，经过二十世纪六十、七十、八十年代红红火火、忙忙碌碌的工作，创下了显著的经济效益。享誉京城的南菜泰斗、我的恩师高国禄为我们树立了榜样，始终遵循传承不守旧、不断创新、因地制宜的思想，同时也牢记师爷"做好看家菜"的教导，走出了一条饮食文化的脉系传承之路。

说到传承，中华民族传统技艺代代相传，生生不息。中华美食文化从古时走到今天，源远流长，到如今，形成了有自身特点和味道的特色体系。京朝淮扬菜郇味师门是这样走到今天的，各家地方菜也是如此，没有老一代的薪火相传，就没有今天这样菜品多样、口味独特、味道经典的师门厨学。我们每一代厨师的厨艺都是建立在老一代技艺基础上的。技艺的时代积淀加上历史长河中美丽的典故，催生出了中华美食文化。我们不但要继承上一代人传授的技艺，更需要不断钻研，与时俱进。时代是发展的，年代不同，食材、辅料都不一样。以前江河中常见的淡水鱼、贝，如今已不可再得，以前没见过的食材，因为经济发展和国力的日渐强盛而得到普及。有些老菜失传了，更多的是因为时代的变化而不断加以改进。传承不是固守不变，吃老本儿，而是因地、因时、因材、因势将所学灵活运用，适合当代的饮食需求，适合人们对口味变化的需求。

传承不离魂

色、香、味、形、器五大要素中，味是菜的灵魂，也是区别各菜系的精华所在。现在常听说:"这菜都没有魂啦!"我们感到非常震惊,但自感无挽狂澜之力。怎么办?只有传承老一代的工匠精神,德为先,匠心为力,将看家菜传给愿意学习的人。可以说,当代中华厨艺的繁花似锦就是因为我们的传承有序,师门是传承的重要途径。中国传统技艺文化就是依靠这种方式、这种工匠精神,延绵不绝,从雕刻到铸造,从厨艺到绘画,从戏曲到武术,几千年的中华文明就是这么流传至今的。这是世界上许多国家都没有的。以前都讲"师父找徒弟"而不是"徒弟找师父",这是非常有道理的。师父要考察弟子的人品、技艺,是否为可造之才,这就像农作物选种一样。师父教会徒弟本领,徒弟即可安身立命。师父传授的不仅是学问和技艺,还有为人处世之道和行业的规矩。

生者父母,成者师父!师父如父,是中华文化赋予了"师父"的称呼。如今时代变迁,手工业时代被大工业时代取代,师徒之间的技艺传授不再像过去那么紧密,但师门的存在、师父的传授依然是厨界技艺传承的重要形式,正是千百年来行之有效的规矩使美食技艺得以保护、流传。不可否认,师门就是传承的核心所在。

在传道授业中带好郇味师门

历史的经验告诉我们,传承就是在继承先师的基础上,要有所建树,有所发扬、发展。我所引领的郇味师门就是遵循这个宗旨。我从 57 岁到 74 岁,就是这么一步步走过这 17 年(2002—2019 年)的。

总结一下，实际上我们只做了两样：一是做事，二是做人。

　　做事，就是要把菜做好，把京朝淮扬菜的"味"做出来。"味"是菜的魂。根据当前社会现状，餐饮界来自外地的青年较多，传统以师带徒的传承很难实现。为此，我只能面向师门弟子举办技艺传承培训班，分阶段、分层次讲解，首先从行规讲起。

　　我在传授本门的刀工、刀法、烹饪技法、经典菜肴时，不求多，只求精，每期不超过6人。我的原则是"师傅领进门，修行靠个人"。我希望徒弟经常向师父请教，和师父探讨。看到徒弟进步，我由衷感到欣慰。

　　做人，就是把本门弟子带好，要弟子懂得"做菜"与"做人"的关系。低调做人，高要求做好菜，这二者是须臾不可分开的。我常对弟子们说，菜是要人品尝的，人也是要被别人品评的，你只有谦虚谨慎，戒骄戒躁，扎扎实实，精益求精，从实战出发，才能学好技艺，做好菜品。切不可投机取巧，否则，最后毁掉的就是你自己。

　　2019年"中国好师门"活动的开展，是对当今师门在传承中的重要性的肯定，是对传统中华师道文化的尊重，这对规范师门规矩、梳理门派脉系都将起到积极的作用。值此盛会，愿我们携起手来，为健康的师门建设，为保护中华美食文化的脉络传承而共同努力。最后预祝大会圆满成功！

　　谢谢大家！

2019 年 5 月 11 日

京朝淮扬菜的脉系传承

第一代

掌门人：王锡卿（不详）

第二代

掌门人：中华人民共和国成立初期"四大名厨"之一、
淮扬菜宗师王兰（1906 年生）

师　训：做好看家菜，看好看家菜。

第三代

掌门人：中国南菜泰斗、淮扬菜大师高国禄（1930 年生）

师　训：别整那没用的，做好你的菜。

第四代

掌门人：国宝级烹饪大师、京朝淮扬菜郇味师门掌门人李玉芬（1945 年生）

师　训：看得见的是菜品，看不见的是人品；只有好的人品，才能做出好的菜品。

◎完成高氏门派《寻味淮扬菜》一书的编写和出版

◎带领第五代创建京朝淮扬菜郇味师门

◎开展技艺传承学习班

◎对历代师训、师门技艺进行传承、发展、创新

第五代

掌门人：中国烹饪大师、青年烹饪艺术家胡斌

师　训：人品，品人；菜品，品菜；德艺双馨永传承。

◎协同师父续写《郇味苏菜》

开国"四大名厨"

郭仲义

我国有句民间古语：三百六十行，行行出状元。最近，我访问了全市几千名厨师中的四位特级厨师——范俊康、陈胜、王兰和罗国荣。他们都在火烤烟熏的厨房里，度过了三四十年的厨师生活。

卓越的艺术

中国菜肴有几千年的悠久历史，以花样繁多和味美适口的特点，声冠全世界。这四位名厨师继承和发扬了我国这一宝贵的历史文化遗产。现在，范俊康、王兰和罗国荣三位厨师在北京饭店工作，陈胜厨师在和平宾馆工作。

四位名厨各有特长。范俊康和罗国荣擅长烹调香、酥、麻、辣的四川菜；陈胜擅长烹调甜、鲜、嫩、滑的广东菜；王兰不但擅长烹调味厚香鲜的淮扬菜，还会烹调北方菜。

罗国荣的拿手名菜是人们常吃的"开水白菜"。一碗碧清见底的菜汤，中间漂浮着几朵金黄色的白菜花，口味非常香鲜清淡。

陈胜，广东菜专家厨师，从点心加工、肉菜切制到掌勺烹调，样样精通。一只鸡的全部骨头，他在一分十秒的时间内就能全部剔出来，而且肉不带骨，骨不连肉；一只鸭子到陈胜手里，他能变成二百多种口味不同的菜；藤萝、茉莉、菊花、牡丹等四季不同的鲜花，也能变成美味佳肴。

辛酸的过去

精湛的技术是来之不易的，谈起他们在旧社会的生活，每一位厨师都有一段辛酸而又痛苦的经历。

旧社会是人吃人的社会，在厨师中流传着这样一句话：教会徒弟，饿死师父。新徒工掌握了技术，资本家就看不起老厨师了，所以厨师是不会轻易把技术传授给徒弟的。这几位名厨师是在一边"偷艺"一边苦练中学会技术的。罗国荣厨师常常偷着看老师傅怎样配料，炒菜如何掌握火候。陈胜厨师为品尝老师傅做菜的口味，抢着给老师傅刷洗炒勺，企图从炒勺内残剩的菜汁中尝出一点儿口味，可是老师傅往往连锅底也不给他留。陈胜挣来微薄的工资，不舍得买衣服，而用这些钱去买前辈厨师做的菜吃，品尝大师做菜的口味。

家庭贫寒的王兰厨师，在14岁的时候，家里就托亲求友把他送到万华春饭店学徒，整整熬了9年挨打受骂的学徒生活。范俊康厨师在旧社会时，曾经流落重庆街头，找不到工作，生活把人逼得好苦哇：他的一只眼睛，就在那个时候气瞎了。

"四大名厨"在一起研究烹调理论（郭仲义摄）
（左起）陈胜，范俊康，罗国荣，王兰

光荣的职业

新社会，人人平等。中华人民共和国成立以后，厨师的社会地位大大提高了。厨师，这个为人民服务的光荣职业，受到了党的关怀和人民的尊重。范俊康厨师光荣地加入了中国共产党，出席了全国政治协商会议，还被选为东城区人民代表。陈胜厨师在和平宾馆担任厨师长的工作。王兰和罗国荣厨师是北京饭店中餐厨房的负责人。范俊康厨师说："想当年，看今朝，真是两个不同的世界呀！"

几年来，这几位名厨师，以他们精湛的烹调艺术，接待了来自全世界的朋友，给中国菜带来了极大的荣誉，增进了各国间的友好往来。1954 年召开日内瓦会议的时候，范俊康随周恩来总理出国到瑞士，外宾称赞他做的杏仁豆腐是令人终生难忘的美味。

现在，这几位名厨师正在一面提高自己的技术，一面把他们的技术传授给新的一代。最近，轻工业出版社出版了一本便于厨师学习烹调理论和操作技术的《北京饭店名菜谱》，就是根据这几位名厨师的经验写出的。四位名厨说，随着人民生活的不断改善，吃东西也就越来越讲究了，他们要把全部本领贡献给新社会，培养好接班人。

（原载《北京晚报》，1959 年 10 月 20 日）

"四大名厨"之一王兰的故事
——与王兰之子王文玉的对话

王文玉:（二十世纪）五十年代末六十年代初，在我 10 岁左右的时候，我们家有这样一张照片，就是现在网上看到的照片——"四大名厨"那张。为什么会有这张照片呢？这张"四大名厨"的照片是当时《北京晚报》的一个记者采访时拍的，一直挂在我们家。那时有这么一个提法，是 1959 年的时候。"四大名厨"这个说法那时候我知道有陈胜，另外三个是谁呢？一个是我父亲，一个是罗国荣，一个是范俊康。我们这三家在北京搬迁时住在一个院里，在北京饭店的宴会厅后边，正好是霞公府那里，与宴会厅对着。陈胜是李悦忠的师父，是做广东菜的，就住在我们家后边一点儿，大纱帽胡同。后来我就认识了好多人，基本上全是饭店系统这些人，然后又都对我们家特别客气。那时候罗国荣有病，老是上不了班。当时新中国一成立的时候，就是以淮扬菜为主作为国宴菜，当时我父亲并没有在北京饭店，是从天津调过来的，不过他从小在北京学徒。

李玉芬：他们原来在宫廷？

王文玉：不是，他们都在老家，都在平谷区。我大爷先出来，然后二大爷也出来了，都在北京的勤行里做厨师工作。我还有两个叔叔，一个是王详，一个是王全，我父亲叫王兰，我二大爷叫王秀。但是我见过的就只有一个大爷、一个叔叔，还有一个大爷、一个叔叔没见过面，但是他们是亲哥儿五个。还有一个叔伯的叔叔一家人全都是在这儿。你看，我父亲是 1906 年生人，然后是 1919 年 13 岁的时候进的北京。那时候我大爷、二大爷一放假都一个月不上班，腊月二十三一过小年就放假了，全都回老家了。第二年过完正月十五以后，我大爷、二大爷他们才回来。那年不知道怎么就把我父亲也带来了，带到北京来了。他们先出来有两三年了，已经认识些人了。父亲来了之后，我大爷带着他住在东城区，先给他找了一个地儿，在哪儿呢？好像在东城区的干面胡同？无量大人胡同。原来叫无量大人胡同，后来新中国成立以后改叫红星胡同了。红星胡同里边有个孙公馆，我父亲在那儿帮厨。我从当时的档案里看到，在那儿帮厨一年，第二年他就不干了，他说："我不帮厨了，我得找地儿学徒。"后来我大爷帮着找了一个地儿，在哪儿呢？就在当时宣武区的万明路。什么地儿呢？那边有个东方饭店，正对面有一个地儿。这条街是南北的路。饭店在路西，它在正对面那块儿。当时正是建设北京新城区的时候，民国政府盖了一个模仿上海大世界的游艺场叫新世界，是一个特别大的娱乐场所。我后来去找过那个地方，因为在我父亲的档案里提到了万明路这个地方，院里后面盖了两三栋楼，全是居民楼，门口有一个卖茶叶的吴裕泰，对面正好是前门饭店。我父亲在那儿学徒，一直学了四五年。

李玉芬：那时候还没有前门饭店。

王文玉：我说的是现在的前门饭店对面。一九一几年的时候那里盖了一个北京的新世界娱乐城，最热闹的地方，他就在那儿学徒，学了几年之后才离开那里，离开他的师父王锡卿，然后他就又回到哪儿了呢？回到了东城，就在东城的米市大街的街上，当时也有饭馆，在什么饭馆我可就记不太清了，在那儿工作。工作几年之后，后来有一个我管他叫师叔的——我父亲的一个师弟，也是跟着王锡卿学徒的——他出徒之后非把我父亲给拉到哪儿呀，拉到六部口那边去。六部口当时有好多饭店，全是民国时期的一些要人、部长级的人物开的饭馆，名叫各种"春"，后来称为"八大春"，当时同春园也在那儿。同春园饭庄在什么地儿呢？现在的电报大楼那个位置上，当时在路北边，就是因为盖电报大楼把它给拆了，拆了之后把它弄到西单的南边去了。

我父亲干了好多年之后，后来到这儿来的也是他的师弟，北京人，叫张广仁。但是张广仁这一支，我找不着。1942 年的时候，我大爷带着我父亲去了天津。1944 年的时候，我父亲收了一个徒弟——王满。1954 年的时候王满在哪儿？原来叫西苑大旅社，后来叫什么西苑饭店，就在动物园那儿，最早五六十年代那时候叫西苑大旅社。王满是我父亲最大的徒弟，我也是后来才知道的。为什么后来才知道呢？原来在我的印象中，我只知道高国禄，王满比高国禄还得大好几岁。所以我都不知道。1954年的时候，西苑大旅社一盖完他就在那儿了，一直是主厨，但不是厨师长。厨师长是谁呢？厨师长是福山帮的，叫孙树茂。第二批技师里边有孙树茂，福山帮的，但是巧就巧在这儿。怎么说呢？他们总厨师长跟我父亲的这个大徒弟王满是"一担挑"。原来最早在哪儿？在前门，好像是泰丰楼。那一拨人是跟谁呢？就跟牟常勋、陈锦堂，这拨人都是老福山帮的。

李玉芬：您说巧不巧？王满的徒弟齐美健跟我是同学。后来一打听，现在是他们那儿的经理了。我们同学在那儿。

王文玉：王满最小的儿子今年也40多了，快50了，他叫王福生。他原来是在西苑饭店淮扬餐厅当厨师长，干了好多年，现在是在上面的旋转餐厅当厨师长，最高层。那一年我查资料的时候，在张文彦他那份资料里边看到，北京10个名厨中有一个叫王满，是王兰的徒弟。我说我怎么不知道啊，是我父亲的徒弟？是西苑饭店的，我打电话问问。打电话还找不着，找那个餐厅说已经撤了。后来我就打电话给他们人事部。我说我想问一下有没有这么一个人——当时我还真知道这事儿——他有一个儿子在这儿呢，是吗？我说你把电话给我一下，我跟他联系一下。对方说，他现在没在北京，过些日子吧，到时候让他给你打电话吧。后来他给我打电话了，问我，您是谁啊？什么事？我说我还真有点儿事想问问你，王满是你父亲吗？他说没错。我说你知道你父亲的师父是王兰吗？他说您是谁？我说我是王兰的儿子。他一愣，说见面认识一下？我说行啊，后来我就跟他见面了，就是在找您的那个期间。

李玉芬：要不然开始的时候，都以为高国禄是大徒弟，都说是大徒弟了。后来您给我师门谱，我一看才知道。

王文玉：后来我才知道先是王满，然后下边是高师傅。其实我跟高师傅几年前见过，后来就没有联系了。我父亲去世的时候他肯定去过，但是那时候我们之间也不认识。后来在他去世前几年，我跟他聊过天，打过电话。

李玉芬：那时候他退休了？

王文玉：没退休，还上班呢。他上班的地方好像搬走了，好像搬到石油大厦去了，不在那儿了。我当时记得是八几年的时候，北京市有一次烹饪比赛，高师傅作为评委，正好我跟我妈正在看电视。北京电视台的节目主持人说这位是高国禄高师傅，他是"南菜泰斗"，他师父是"四大名厨"之一的王兰。这样一介绍，我一愣。他说他是我爸的徒弟，叫高国禄。我妈说是有这个人。我说我不知道。我妈说你还小，你不知道。我跟高师傅通了电话后，高师傅还问我，你是王兰的儿子？我说是啊。我说，高经理，我原来老到西单那儿去，我也知道你在哪儿，但是我从来没去找过。他说，你别叫我高经理，老爷子在与不在，咱俩永远是哥们儿，永远是兄弟，绝对不能乱叫。我说，叫你高经理得了。后来我就一直叫他高经理。那之后，他们那儿有个党支部书记，跟他在一个办公室。我打电话他接的，我说找一下高国禄高师傅，他在吗？他说没在。他就问你有什么事，我说有点儿私人的事，叙叙旧。他就说你别来电话了，我们高师傅不收徒弟了，你别打电话了。我又打了两三次，那个党支部书记一问是我，说你怎么还找他？我说这儿真有事。后来高师傅接了电话，问我在哪儿，我说我在北京电子行业电子仪表局，现在正在调整，什么时候你找我来，我在实业大厦什么地儿。他就问我，你小时候的事你还记着吗？我说小时候的事我记不住了，但是我听我妈说过。他说是吗？我说那时候我出生之前，你每个月得从天津到北京来一趟，我爸让你给我们家送生活费来。

回忆录：恩师高国禄

　　恩师高国禄 1930 年 7 月出生于北京，逝于 2001 年末，享年 71 岁。前往给师父送行的人黑压压跪成一片，三叩首礼毕，一位享誉北京餐饮界的名师、淮扬菜泰斗就离我们而去了！

　　回忆往事，师父先后收徒共计 18 人，女徒弟 3 人，年龄最大的师兄张万增、杨崙等已年近七旬，最小的师弟也快 40 岁了。师兄弟年龄差距如此之大。这里面有个故事。先说年龄最大的杨崙、张万增，跟师父只差六七岁，他们是 1952 年、1956 年前后参加工作的，当时曾跟餐饮界很有名望的王世忱、王世海和上海来的一批老前辈学习制作菜肴。但高师傅忘我的工作精神，技术上的精益求精，使两位师兄非常佩服。于是在 1986 年由西城餐饮公司人事科、技术科出面，为他们举行了拜师会。伍钰盛、杨国桐、常静、刘锡庆等名师都到会祝贺。

　　记得恩师曾跟我多次讲过的一段故事。中华人民共和国成立前，恩师在天津新泰楼师从王兰学艺。江苏菜中的干烧鱼口味甜咸，此菜传到北方，为了适应北方人的口味，他们试图将此菜做一些改进。经过师徒共同研究，融合了川菜的咸甜加辣，增加配料，增加香味，于是形成了独特的干烧鱼风味。王兰师傅曾多次告诫高师傅："国禄啊，我们的看家菜不能丢，不能失传。"高师傅潜心钻研做出的干烧鱼，正如1987年《中国食品》杂志刊登的王瑞秋先生的《食无定味，适口者珍》中所形容的，干烧鱼"肉丁晶莹似珍珠，醇厚入味，咸甜鲜嫩微辣，口味略带酸，具有回味无穷的特点"。大多数人吃完此鱼后，会在汤汁里再加上南豆腐，回锅后更加好吃。这道菜后来成为北京城餐饮界和食客们的热门话题。

当时去同春园学习的人不少，干烧鱼也因此成了风靡一时的菜肴。马凯餐厅的老师傅郭锡桐学干烧鱼后，加以改进，去甜加辣，改进菜就登上了湖南菜谱；山东菜学了干烧鱼后，去甜加榨菜、蒜苗等配料后变成鲁菜中的干烧鱼。

别小看这道干烧鱼，不掌握它的几个要点，您还真做不好！在二十世纪六七十年代，我曾参加技术比赛，靠这道干烧鱼帮我拿下了南方炒菜第一名呢！

再说说高师傅年龄最小的徒弟邵红卫，他现在是美籍华人，在美国开餐馆，是国际食品设计家协会会长。他是一位经常来同春园品尝高师傅菜肴的老华侨的儿子的朋友。通过这位老华侨介绍，邵红卫拜到了高师傅门下。

当时，同春园位于西单路口的西南角，业务十分繁忙，餐饮营业额也是名列前茅。除零点外，还有宴会，用餐的客人中有相当一部分是回头客，如齐白石、娄师白等名人。

同春园楼上有几张名画，是齐白石、娄师白等人赠送的。还有画家苏国熙作的"钓鱼"，画的是鳜鱼，就是赞美高师傅松鼠鱼做得绝——他做的松鼠鳜鱼，头昂尾翘，色泽鲜艳，吃起来回味无穷。他的这道菜在继承传统的基础上，不断变化，却又不失其味，仍采用跳汁翻花手法，保持外焦里嫩。高师傅的"三绝"——肴肉、羊羔、核桃酪，也引得名人雅士常来品尝，为此大画家娄师白赠送了一幅"七猫图"，梅兰芳亦画了大量"梅花图"相谢。

同行们都知道高师傅的海参烧得好，不但汁挂得上，而且味道醇厚，色泽明亮。每逢表演、传艺的时候，大家都想品尝他的烧海参。他的麻酱海参更是一绝。

高师傅的炒鳝糊手法独特，这个菜名谓"炒"，实为"烧"，但是为了出菜快，改用"炒"的手法，不但效果好，而且不失菜肴的本色，还能解决原料隔夜存放的弊病，形成"汁红、油亮、鲜嫩、软糯"的特点。

师父善于用火，他制作的"明月生敲"异常鲜嫩，有入口即化之感。它属于宴会菜，造型好，口味佳，色泽美观，菜式精巧。这道菜的关键是要善于用火，恰当掌握油温，做到瞬时出菜，恰到好处。

堪称一绝的"烧头尾"，也是师父的拿手菜。他将鱼头劈成六块，烧制后，鱼脑不会流失，而一般人制作此菜时，鱼脑是保不住的。他的别具一格的砂锅鱼头也与众不同。别人做鱼头，用胖头鱼，走白汤，加豆腐。他的鱼头，汤是红色的，带辣味，再加上粉皮，吃起来咸鲜微辣，有一种特殊的香气，故常被作为宴会用汤。

师父的长处在于不断学习、研究。他走后，我们经常去探望师娘。她时常提起，高师傅要想学东西谁也拦不住，总是想着法儿学到手。1966 年，市里组织风味餐厅到上海学习，临走时他带走了家里仅有的 60 多元钱，本打算给孩子们买点儿东西回来，可是他什么也没有买。为了改进同春园的菜品质量，他把仅有的 60 多元钱都用在品尝菜肴上了。同春园这个百年老字号可谓是"铁打的营盘，流水的兵"，师徒换了一拨又一拨，但高师傅的敬业精神为我们后辈树立了光辉的典范，值得我们永远学习。

1994 年，师父聚集了我们 16 名徒弟进行技术交流，因人施教。我算是大师姐了，给我安排的是两个热菜，一个是八宝酿苹果，一个是炸脆奶。通过这次交流，师父把毕生的技术精华传授给了我们。

恩师不但有一手高超的烹饪绝活儿，他还会打春卷皮、包提褶包子、捏面花（面塑），他虚心好学，一专多能。工作时，他是个严师，严把质量关。业余时，他是一个快乐、爱玩的人。下班后，他会穿上裆裤和师兄们一起摔跤（据说师父在天桥学过，很会摔跤），一上手就先抓对方前胸，往里一带，脚下一绊，对手就会倒地。别看他身材短粗，过节时，锣鼓一响，他头戴大头娃娃的面具，还能扭上一扭呢！

高师傅是"文革"后的第一批技师。二十世纪七十年代后，他一直是北京烹饪界德高望重的名师，南菜组评委组长，考技师、技术比赛都要请他进行指导。当时没有报酬，但他从没有推辞过，可以说是有求必应。用他的话说，"当厨师不容易，能帮忙的一定要帮"。所以业内 40 岁以上的人大都知道京城有个名师——高国禄。

当今的满汉全席、宫廷菜，可以说誉满全球，而其中的汉菜仍以淮扬菜为主，所以又使我想起恩师的话："好菜不能失传哪！"

可惜师父过早离开了我们，但他胖胖的身躯，干起活来麻利干脆的劲头儿，经常浮现在我的眼前。"冬吃头，夏吃尾，一年四季吃划水""冬吃前，夏吃后""桃花时节，鲥鱼肥"……这些师父经常念叨的烹饪谚语，仿佛又回响在我的耳边。

恩师用毕生精力谱写了中华饮食文化史上光辉的一页，他老人家的菜肴已经成为传世佳作，必将流芳千古！

博采众长的传承之路

　　虽然淮扬菜和苏菜的学术之争已久，但中国饮食文化的传承从来没有停止，传承苏菜美食文化的京朝淮扬菜郇味师门也因文化和技艺的传承而成立。我有幸成为郇味师门的掌门人，担负起弘扬和传承的历史使命。以下，就是有关我的成长和郇味师门传承的故事。

进入中等专业学校

　　1962年初中毕业后，我考入北京市服务学校烹饪专业读书。当时正值中华人民共和国成立初期，国家要发展经济，抓好商业和服务业，特别是服务业。劳动者大都是从农村出来的，有文化的少。国家很需要有文化的劳动者，我们就是这第一批学生。

　　国家重视，学校更重视，在课程安排上，从语文、政治、营养卫生，到食品化学、烹饪技术、烹饪原料、宴会、面点等一应俱全。教授语文课的是温克庄老师，天津人，出身教育世家。烹饪技术课的任课老师是在业界非常有名望的赵常斌老师，他个子高高，举止不凡，很有文化，技术能力很强，能说、能讲、能干。身为北京名厨的赵老师严守行规，刀工技术突出，在中华人民共和国成立后商业部第一次出版的《中国名菜谱》（全十册）的第三册上有他的大作。赵常斌老师除了给我们讲烹饪理论课和实践课，还教我们养成了勤学、勤思、勤干、勤总结的好习惯。记得一次实习课——炒猪肝，在赵老师的指导下，我进步很快，对猪肝选料的大小、肝的薄厚度、上浆的浓稠度、油温的高低掌握、芡汁的多少等都处理得恰到好处。60年前的事儿，到现在我还记忆犹新。每一位好老师都是领路人，对厨行来说尤其重要，人品、菜品缺一不可。

历练在老字号：不为人知的背景及深厚的技术实力

从学校毕业后，我被分配到西单的老字号同春园饭庄，党支部就在楼上，书记办公室也很简单，因实习就在同春园，领导们都认识并了解我。党支部书记冯占甲给我指定了老师傅丁永元，让他指导我。他是先进工作者，工作任劳任怨，刀工技术比较突出。他人很好，不善言辞，虽有些文化，但因年龄大了，只能看看报纸，写字困难，所以写家书、总结都成了我的事儿。我跟丁师傅学技法，主要是观察、模仿他的动作。他切腰花切得好，主要是用刀的力度和角度与众不同，掌握了这点就掌握了精髓。

我们用的刀有独特的风格，刀身前重后轻，前宽后窄，前切后砍，被称为马头刀，分为头号、二号、三号三种型号。大部分人都用二号刀，手握轻重合适。头号刀重，挥起来不方便，个子高、劲儿大的人可以用。不过很少有人用头号刀，大都用二号。我作为一个女同志虽然用头号刀有点儿沉，常用常磨，越用越好用，也就习惯了，最后用到只剩下刀头都舍不得换新的。买来的新刀不好用，要经过一段时间打磨才行。

刀对于红案人员是个宝，干活出活全靠刀，所以我把刀看得特别紧。要是拿我的刀削电线我是绝对不答应的。如果有人拿了我的刀也免不了争吵。

磨刀是有规矩和讲究的，刀磨不好，切出的东西不合格，也没有工作效率。用好刀，看好刀，磨好刀，才能切好肉丝、鸡丝、姜丝、腰花、鱼丝、鱼花、鱼片，所以不得不研究。这些出花的细致菜品，很多都需要用刀尖来完成，因此磨刀也是有规律的：前三后四，后四前三，平推平拉，左右手倒掉磨，磨前面总要比后面少磨一下，才能留出刀尖。刀尖的用处可大了，上片肉推刀，成山子后挑起都离不开刀尖。特别是剁刀切肉丝，更离不开刀尖，如果没有刀尖会连刀。老师傅干活时除剁大排骨、劈猪头用砍刀外，处理大部分原料都是用这一把刀，细活也用它，前切、后砍、中间劈。

再说说在我对面干活的杨崙师傅，后来也是我的大师兄。他生于1938年，北京人，1956年参加工作，红案。他个子高、力大、动作快，一般人赶不上他。北京市委副书记的厨师姜维政被分到我们店，跟我们一起工作。我们三个人都切肉丝，姜师傅是做鲁菜出身的，他看到杨师傅刀法快，便决定比试比试。结果一小时姜师傅切了8斤肉丝，杨师傅切出了 10 斤肉丝。1979 年的技术大练兵，杨师傅完成一只脱骨鸭只用了 2 分多钟，取得了第一名的成绩，获得了北京市技术能手称号。他的一举一动都影响着我。

听老辈的人说，杨崙曾有师傅带过，那就是王世海。因年纪大了，快退休了，就被安排去制作冷菜。他的刀工也相当厉害。

我也有幸和王世海学过冷菜制作，拼盘都是从他那儿学来的。

独碟：讲究刀法、手法、垫底、围边、盖刀面。

双拼：难度大，一般高档宴会用，大都是盖碗式的盘。

四双拼：要求颜色、荤素搭配，高低相同，中间隔的缝隙一致，一般中高档宴会有四双拼。

什锦拼：一般七拼八凑，颜色、刀口、荤素、口味要求较高，马虎不得。会切也得会做才是一个真正合格的冷荤师傅。

花式拼：也叫象形拼，是 1979 年、1980 年才兴起的。

1968 年，北京进来一批橡皮鱼，西城商业厅让各店出人开发制作。当时店里派王世海师傅带着我去。因鱼太小，皮带沙，不适合做餐饮用料，我们研究后将其做成了五香鱼，以干燠的手法为主，肉质、味道都不错。

1972 年，很多下乡返城的知青回京，被分到餐饮公司，西城区分来不少人，高国禄师傅接到了对这些人进行教学培训的任务——干货涨发。可是高师傅能写自己的名字，能看报，写总结、讲课教材他有点儿犯难，便找我帮忙。在这种密集的工作中，因在校养成的勤学、勤思、勤干、勤总结的好习惯，我顺利地记牢了涨发鱼翅的全过程以及出成率、时间、火候、菜品的制作方法，并记录了涨发海参的实操过程。

二十世纪八十年代西城区考技师，高师傅主讲干货涨发，从海参、鱼翅、鲍鱼、鱼肚到燕窝，都要讲到出成率、做什么菜。当讲到出成率时，一般师傅不知道也不敢说，高师傅大着胆子说出 8 斤，别人听了吓一跳，这就是"艺高人胆大"。

到了 1986 年，我在昆仑饭店工作，当时 200 多个厨师一共给了 3 个考技师的名额，其中一个就是我。除了冷菜外，还有必考菜——银芽鸡丝，自选风味菜，四菜--汤，松鼠鱼、炒鳝鱼糊、月宫银耳等。我抽到的是燕窝、鲍鱼，认料是鱼皮，如果不是胸有成竹，可能被严格的主考官黄子云师傅给拿下来。考完操作后，评委陈代增拉着我的手说："淮扬菜后继有人了。"

淮扬菜给予的荣誉

二十世纪六十年代盛行"一帮一，一对红"，组织安排先进工作者丁永元师傅带着我提高技术。由于工作表现突出，1966 年我被评为先进工作者，出席北京市财贸职工代表大会，并记录于同春园饭庄档案。

二十世纪六十至七十年代，在西城区饮食行业技术大赛中，取得切肉丝第一名，冷菜第三名，干烧鱼第一名，切腰花第一名。

1970 年，获得技术能手称号。

1980 年，离开同春园，调到燕山宾馆。"狮子头"博得了书法家康殷的称赞，因而获赠"郇味"大作。

1986 年，在昆仑饭店考取中烹技师。

1993 年，正式被高国禄收入门下，并成为高氏门派的掌门人。

2006 年，《中华美食药膳》杂志刊登《回忆恩师高国禄》一文。

2010 年，中国"四大名厨"之一王兰之子王文玉送师门谱。

2015 年，中国食文化研究会为饮食文化技艺传承举行国宝级大师崔玉芬（我师姐）的收徒仪式，我也随之做好技艺传承准备。

2018 年，《寻味淮扬菜》一书出版，为京朝淮扬菜追根溯源。

2019 年，开始续写《郇味苏菜》，延续集数代先师绝技于一身的传承。

附：李玉芬年表

李玉芬，女，汉族，1945年9月9日出生，辽宁沈阳市人。

1964年，毕业于北京市服务学校烹饪专业，被分配到北京同春园饭庄任红案厨师。

1972年，开始从事烹饪教学工作。

1979年，在北京市服务学校烹饪专业任教。

1980年，在燕山宾馆餐饮部任主任；获得北京市技术能手称号。

1988—1990年，在国家旅游局所属培训学校、北京市饮食服务研究会任讲师。

1991—1992年，任北京饮食服务总公司高级业务技术培训讲师。在此期间，赴日本理工大学讲学、献艺；被称为当代"狮子头女皇"。

1992—1994年，任中央国家机关工人考核委员会专业兼职教师，其间担任中央国家机关工人技师考评评委。

1992—1995年，在北京天坛体育宾馆任行政总厨兼总经理助理，直至退休。

1996—2008年，在北京西城、东城、崇文、顺义、平谷、怀柔、延庆等区的职业学校授课。

2006年，被聘为国际食品设计家协会中国区副秘书长；被载入《北京当代名厨》。

2007年，被载入《中国当代名厨》；同年，被收录于《北京烹饪大师》。

2008年，被授予"华人餐饮名人"称号；同年，被中加美国际烹饪技术交流大赛评委会聘为顾问。

2009年，任"新中国六十周年中餐发展论坛暨第四届搜厨国际烹饪大赛"评审委员会顾问。

2010年，任世界华人健康饮食协会顾问。

2012年，任中华技术餐饮大赛评审团顾问；任中国饭店业采购供应协会高级顾问；被载入《国家名厨》。

2013年，任中国饭店业名师名菜创新大赛评委。

2014年，被新东方烹饪学校聘为校外教师，指导教务教学；被国际爱心厨艺联盟协会聘为总裁判长，并授予"爱心厨艺慈善形象大使"称号；被中国食文化研究会授予"餐饮文化功勋奖"；被国际美食养生协会聘为国际养生协会副主席（副会长），授予国家级评委资格证书。

2014年7月，中国烹饪协会烹饪专业委员会会刊发文《李玉芬：芳馨人生，因坚持而美丽》。

2015年，被授予2014年"饮食行业从业五十年以上特殊贡献奖"；被聘为中国饭店协会副主席（副会长）；被中国文化研究会民族文化委员会第三届理事会聘为顾问；被中国饮食文化厨政管理研究会聘为中国（国家级）烹饪专家委员会委员。

2016年6月，被中国饮食文化研究发展促进会品牌认定委员会聘为安全食材品鉴大师。

2018年1月，被聘为全美中餐业联盟海外顾问。

2018年8月，被中国食文化研究会授予"中国食文化传承导师"称号。

2018年10月，出版《寻味淮扬菜》一书。该书系统记述了从中华人民共和国成立之初到现在淮扬菜的发展历史，从地方菜发展到国宴菜的历程，厘清了京朝淮扬菜的传承脉络，是我国现代第一部阐述京朝淮扬菜的专业书籍，填补了目前淮扬菜的传承空白，为弘扬中国烹饪文化，为中国烹饪事业的建设，做出了重大贡献。

2020 年 11 月，编写的《寻味淮扬菜》入选国家图书馆馆藏，同时荣获国际美食美酒图书评委会特别奖。

曾先后在昆仑饭店、国泰饭店、京唐宾馆、小汤山宾馆等单位任副科长、厨师长、技术指导等职。长期担任中央国家机关单位、饮食服务学校技术培训讲师，为中国餐饮界培养出无数厨师人才，并长期担任烹饪专家、行业顾问、国家级餐饮交流大赛评委，参与行业组织的各种烹饪大赛并担任评委，为推进、支持行业可持续发展做出了突出的贡献。

郇味师门的几则小故事

郇味 —— 开洋狮子头

江南各地的"狮子头"品种繁多，各有不同的特色，制作方法、口味也各有所长，不一而足。偌大的北京城中，南来北往的各色人等，自然有不同的口味。继承、融合、创新，当然都要经过时间的考验。以往上班业务繁忙，也没有时间到江南实地考察，比如"开洋狮子头"这道菜，起初，北京人听到"开洋"二字甚是新奇。其实在江南一带这就是北方人常叫的"大海米"——剥皮、晒干的大虾。这种海产品，绝不是"小虾皮"。若用大开洋掺在狮子头里，岂不是把此菜提升了一个档次！最早我是从老婆婆那里了解到"开洋"这个词儿的。她老人家祖籍镇江，那是一个历史悠久的文化古城，更不乏精美饮食和人文风景。即便一般小康人家的妇女，也能随手烧上几个味道上佳的家常菜肴。所以，开洋狮子头、蟹黄狮子头、蟹粉狮子头，江南的一般人家都可以随手做来，但制作水平差别不小。

　　1980 年，我调到燕山宾馆不久，恰逢宾馆装修，请来了几位书法家、画家为宾馆写字、作画。为了答谢几位知名大家，我试着做起了开洋狮子头，可以说是第一次试做。我先按原来一般狮子头下肉的比例，外加一些配料，再加上上等的开洋，调配好，做了白汤、清炖两种。成菜时，扑鼻的香气洋溢得满屋皆是。我也没想到竟有如此效果。客人们都夸赞我的手艺。当时，书法家康殷即兴给我题写了"郇味"二字，以资褒奖。直到 30 多年后出版《寻味淮扬菜》时，我才想起珍藏的这两个字和这段珍贵的记忆。

书法家康殷为李玉芬题字"郇味"

制作狮子头引出的几个故事

带"狮子头"的名号是怎么来的？

大约在 2012—2013 年，我应东南卫视《好好学习吧》节目组的邀请制作了国宴狮子头。在节目中，我边讲边做，现场反应效果不错。于是有人给我冠上"狮子头第一人""狮子头女皇"的名号，颇有调侃的意思。我自己不敢称"第一人"，凑合当个第二吧。没想到"狮子头第一人"的名号不胫而走。一次，黄伟洪先生（全美中餐业联盟名誉主席）在微信中问我狮子头成菜原料的配比。我问他，是自己吃，还是批量制作，黄先生没有及时回答。两天后，他回复说是他的师父李耀云（上海国宝级烹饪大师）要去国外交流，听说我是"第一人"，想请教一下原料的配比。看到他是代表名师问话，我也不敢随便直言相告，后来想起我老婆婆教给我们一些家常狮子头的配比，我就让黄先生转告李耀云大师，他依法试验后，说配比很好！

弟子小古、小胡刻苦学做菜肴

小古，河北邢台人氏，虽较早来到北京打工——在宣武体校食堂做厨师，可是没有经过师傅指点，空有一身力气。他从电视上看到我制作狮子头非常娴熟，一心要拜在我的门下。通过我们举办的师门技艺传承班的培训，他下定决心要学会几样菜，还说："打我都不走！"他以往没有受过良好的基础训练，好在肯下功夫，自己买原材料，在家一遍又一遍地练习，做好了，就连锅一起端到我家来，让我指点。功夫不负有心人，他终于掌握了要点。小古说，掌握了要点就给自己建立了信心。后来，他做的香酥鸭子只要在餐厅一端出来，立马一抢而空。现在很多年轻人不肯下苦功夫，总想走捷径。古人云，"书山有路勤为径"，用在我们厨艺上也一样——"厨艺有路勤为径"。

弟子小胡，同门之中数他年龄最小，大专文化。拜师之前，他已经在某餐饮公司管理层任业务主管，极肯钻研，知道自己没有过硬扎实的技术功底，不可能服众，也不能做好管理工作。所以只要有空，他就反复练习基本功，练习打春卷皮时就和上一大盆面，一张接一张地摊，直到熟练、合格、达到标准为止。有一次，他到江苏盐城，他做的菜竟受到那里本地客人的赞许。还有一次，到杭州去参赛，他做的熘鱼片得了二等奖，反响很好，他的功夫不亚于当地参赛的选手。

教学相长

古语云：业精于勤，荒于嬉；行成于思，毁于随。想想我自己的学艺经历，其实也没有哪位师傅具体的指点，就是自己多多观察，做好成菜前的准备，哪怕是点滴细节，都不要放过，尽量做到环环相扣。例如勾芡这一环，我都要事先备好碗芡，手法干净利落，不可拖泥带水。

回想起给北京市几个区、县及中直机关讲授烹饪理论及实操课、厨师考级辅导课，虽然给他们上课要付出很多精力，但同时在这个过程中我也获得了 20 多年的教学历练，诚如古语云"教学相长"嘛！要说起来，我教过的学员也有成百上千了，有些学员还具有 10 多年的从业经验，一直以来我都是抱着传道、授业、解惑的责任感去完成这项工作的。

记得我在天厨培训学校讲课时，也是教做狮子头，学校主管崔老师说老远就闻到了那个飘逸的香气！有个小学员的妈妈偷偷地站在教室后面听课，下课后，跑来跟我说："李老师，看您讲课，就好像变戏法，讲理论，演练实操，犹如行云流水，一气呵成。那简直就是一种享受！"她夸得我都不好意思了。

同春园饭庄字号的演变

同春园饭庄，原意为同心合力春满园，曾更名为"镇江饭庄"。因为我夫人家祖籍镇江，所以对"镇江菜"情有独钟，突然见到"镇江"二字，于是产生了一种亲切感！不过没多久，"镇江饭庄"又改回了"同春园饭庄"。

对炒鳝鱼糊的评价

翻看和国家原副主席荣毅仁先生握手的照片，我回忆起关于炒鳝鱼糊的那段往事。

1988年，高国禄师傅介绍我去中信公司旗下的国泰饭店做开业前的筹备工作。我任餐饮部经理兼厨师长，负责筹备各项事务，包括购置设备、人员招聘、组织技术培训及菜肴设计等。

那天荣副主席到国泰饭店视察，中午在这里用餐。因他是江苏无锡人，准备的菜品就有一道炒鳝糊。我按北京老字号的传统做法制作，烫杀出肉，加工后，配以冬笋，热油浇蔬菜末，出菜时香气四溢。苏锡菜里的这道菜用的是小香葱。两地菜肴各有不同，苏锡菜趋甜，到了北京就要趋咸回甜，回味浓。荣副主席品评了此菜。有师傅在场，我也不便做任何解释。如果是北京老正兴的上海菜，我想荣副主席也就不会多问了。

这使我想到1930年开业的老字号同春园饭庄，经历了多少风雨，要是不因地制宜，也不可能传承至今！

契约精神和拜师帖

在西方文化中，人们信守的是契约精神，讲的是诚信，遵守的是法律。大家都遵守相互订立的契约，才能依法行事，办好事情，用不着找什么"关系"。

拜师、收徒也有个仪式——互换拜师帖，帖子中有一句"学艺先学做人"，掷地有声！以往，中国人认为师徒关系更深于师生关系——"师徒如父子"。

看看如今，我们在北京招的徒弟，差不多都是北方人，几乎没有北京当地人。您要是要求他学做江南菜，说实话是比较难的，口味上就难找得"准"。说学徒，他们已经三四十岁了，一般都拉家带口，两地分居，上完班，就没有太多时间去"练功"了。

现在到处都讲传承，我想和契约、拜师帖应该是一回事。

小故事，大道理：一分钱的故事

2020年4月17日晚9点多钟，我睡了。不知是因睡得早，还是什么原因，迷迷糊糊，似梦似想事，隐隐约约，儿时的记忆涌现：我拿着一分钱的大纸币，出了我家门市的大铁门，直奔吆喝声跑去，看到有手提食盒的、有手拿小篮子的小贩……一分钱可以买两块汽水糖，如果你要一块还可以找五厘钱，下次再买；一分钱还可以去小人书铺看三本小人书。

儿时的记忆使我养成了节省、不乱花钱的习惯。我也从不借钱，如果遇到事需要借钱，也会记得快点还上。这还得从我六七岁时说起：妈妈时常让我到路南的人家讨账，见面先叫大爷、大妈或婶婶，然后说我妈让我来，看看你们欠我家的钱是不是该还了，我妈让我来要账了。长大后，我便养成不欠人家钱的习惯。

退休了，我有儿女、徒弟，和他们的账目也是清清楚楚，不欠钱，每件事完了清账，都要有个交代。

这是我一生养成的习惯，也是父母教育、家风的传承。

师训谨记于心

我还有一个体会，记住师训，传承师训尤为重要！我们这个师门，可以上溯至王兰，他一再对我的师父高国禄说："国禄啊，做好看家菜，保住看家菜。"高师傅又反复对高氏门派的弟子说："不要整那些没用的，有那个功夫把你的菜做好了！"简单朴素的语言就是我们的"格言警句"。

到了我们郁味师门这一代也必须立个师训，既要继承又要发展。经过反复思考，我们立下如下师训：

看得见的是菜品，看不见的是人品；
只有好的人品，才能做出好的菜品。

这是我用毕生的经历体悟出来的箴言。

回想起来,我从一个无名之辈,靠着自强不息和独立精神,克服重重困难,走出了自己的路。希望以此师训共勉!

1993年,高师傅找到我说,近期我准备收徒,你也来吧。其实我离开同春园已经不少年了,我们早就不在一起干活了。我们之间虽然有些"恩恩怨怨",但师父一直默默地关注着我。看到我调动了好几个单位后,一直自强不息,独当一面,挑起业务担子,他也会帮助我寻找合适的饭店。他先后收了18个弟子,叫我当"高氏门派"的大师姐。后来我收徒,立了京朝淮扬菜郇味师门至今。这可以说是"师父找徒弟"的一个特例吧!

历史的变迁,时代风云的变幻,东西南北人员的交流,菜品的沿革,促使我们郇味师门,不得不考虑更多的因素。我们只有努力提高自己的知识和文化素养,才能适应时代的要求。

我们感到,"菜品"和"人品"是两个不可分割的层面。做出来的菜品是要被大众品评的,即"品菜";而我们做菜品的人是否认真、专注,功夫是否到家,也得由食客点评,这也就是"品人"。现在有些场合称我们为"烹饪艺术大师",事实上从文化层面把我们这个行业拔得很高,要求我们做到"德艺双馨"(出自《国语·周语》,"其德足以昭其馨香"。馨,指传流久远的道德和声名)。这既是一种赞美,更是一种鞭策。

郇味师门名厨

柳　昕

　　高级企业培训师。家学渊源，深受熏陶，酷爱烹饪，在家中经常与母亲李玉芬一起制作菜肴，受其言传身教。制作的油爆虾、糖醋排骨、五香熏鱼等传统菜肴得到母亲李玉芬的高度赞扬及同行的认可。在中国食文化研究会的邀请下，为"厨之道"平台录制了一系列制作传统淮扬菜的视频，受到了餐饮界及爱好者的好评。

胡 斌

北京当代名厨，中国食文化研究会常务理事，首都保健营养美食学会理事，中国管理科学研究院客座教授，烹饪界国宝级烹饪大师、泰斗级淮扬菜大师李玉芬嫡传弟子。

国家高级烹饪技师，国家职业技能竞赛裁判员，餐饮业国家一级评委，全国钻级酒家酒店评审员，国家高级公共营养师，食疗养生药膳师，中职院校烹饪专业高级讲师，餐饮业高级职业经理人，中国烹饪协会名厨专业委员会委员，中华美食养生十大风云人物，青年烹饪艺术家，绿色厨艺大使，世界名厨联合会（WAMC）会员，北京奥运会残奥会先进个人。

曾获得中国饭店协会授予的"中国烹饪大师"荣誉称号，中国烹饪协会授予的"注册中国烹饪名师"荣誉称号，中国食文化研究会授予的"中国食文化传播使者"荣誉称号。

曾在北京饭店、钓鱼台国宾馆等处学习，多次为党和国家领导人、军委首长及外国元首会议用餐和重要宴会提供餐饮服务。有多年会馆、星级酒店工作经验，对酒店经营管理、开业筹备、成本控制及菜品研发有丰富的经验。擅长国宴菜、淮扬菜、谭家菜，且有多年烹饪经验和独到见解。代表菜品有谭府佛跳墙、国宴狮子头、国宴开水白菜、松鼠鳜鱼、红烧马鞍桥、响油鳝糊、翠珠鱼花、明月生敲、麻酱海参、柴把鸭子、炸春卷等。

贺鹏飞

原始主义画派抽象表现主义画家，出版人，连锁书店"字里行间"品牌创始人。中国世界民族文化交流促进会艺委会副主任，中华文化促进会美食工作委员会副主任，喀什大学客座教授，北京当代艺术研修学院客座教授，通州区美术家协会理事，密云区美术家协会顾问，新浪扬帆公益基金·蔡志忠文化传承委员会委员，北京电视台美食栏目特约嘉宾、美食家，高级中烹技师。曾任星光大道评委。

多次在国内外举办个展。画作被北京民族文化馆，比弗利山庄图书馆，圣马利诺狮子会，希腊、比利时、保加利亚、塞浦路斯等国大使馆，丹麦王子等机构和个人收藏。

2022 年 10 月，拜入李玉芬大师门下。

李小杰

2019 年 8 月至今在揭阳市康美棉花有限公司任接待主厨，2022 年 9 月任揭阳市玉窖菜馆厨师顾问。从厨十几年来，他凭借着过人的技术获奖无数，先后获得"揭阳市技术能手""广东省四星级粤菜师傅"等

荣誉称号。2022 年 8 月，与恩师李玉芬代表京朝淮扬菜郇味师门参加中央电视台财经频道《厨王争霸》比赛，获得"郇味苏菜香"的荣誉。

黄灵亮

从厨 23 年，精通闽菜、淮扬菜、川菜、创意料理。现任福州市中职院校职业技能大赛烹饪项目负责人。自从教以来，他以闽菜传统技艺和味型为基础，通过中西结合的形式发扬闽菜技艺文化，指导学生获得了十三次福建省职业院校技能大赛一等奖、三次全国职业院校技能大赛三等奖、一次全国职业院校技能大赛一等奖。在 2016 年全国职业院校技能大赛中，他指导学生巧妙地运用当地燕丝和虾，以及闽菜中的糟味来创作菜品，实现了福州市职业院校烹饪项目在全国技能竞赛中金牌"零"的突破。他还在 2016 年获得"全国餐饮业优秀教师"称号。

李　森

医学专业毕业，15 年来一直从事医疗健康行业。2016年，拜入郇味师门李玉芬大师门下，跟随师父学艺。后经师父指导，结合个人专业特长，发展食疗养生事业，开发养生餐，把中医养生融入美食之中。在弘扬中华传统美食文化的同时，把"让万千餐桌上多一份健康，改善国民饮食习惯，为健康中国助力"作为追求的目标。

曹兴武

策展人，文化传媒公司总经理，河北美术出版社《中国画收藏》主编，北京市通州区美术家协会副秘书长、常务理事。2015 年，担任米兰世博会中国书画艺术节总策划。2016 年，以策展人身份受邀出席首届中法文化论坛开幕式。2017 年，担

任阿斯塔纳世博会中国艺术推广周总策划。

2022 年 10 月，拜入李玉芬大师门下。

迟到四十年的拜师

王永旺

自 1975 年学徒至今，我一直视李玉芬师傅为师，常来常往，以师相待相交，就是缺少一个仪式。2018 年，闻听李师傅要收徒的消息，我"死"也不会放过这个机会，终于了却了我一生追随的夙愿，名正言顺地确定了师徒关系。感恩我的老师——李玉芬。

我 1955 年生于北京，今年已经 68 岁了。1973 年，我响应知识青年到农村去的号召，去农村插队。1975 年回城时，我已经 20 岁了，被分配到规划设计院工作。领导派我去西城饮食公司同春园饭庄——一家老字号去学习。一进厨房，我就被安排在李玉芬师傅身边。她工作踏实，干净利落，在众多师傅中给我留下了深刻的印象，我一直铭刻在心。我有了拜师的想法，而且越来越坚定。我时时处处想找机会多接近她，通过聊天我得知她家中有一儿一女，都还很小，在上幼儿园。休息时，我用刚刚领到的工资买了些糖，去她家里，她的儿女都喊我"小王叔叔"。过了一年多，1976年唐山大地震，家家户户都在准备盖地震棚，我们单位发了一批抗震物资。我首先想到了师父，就和家人商量，师父家孩子小，先给他们盖吧，我们兄弟姐妹等有了再盖，家人都同意先给师父。我把物资拉到师父家，帮她盖起了地震棚。一日为师终身为父，这是当徒弟的应该做的。

　　其实我跟师父早已形成了师徒关系。44年前，我大哥结婚的时候，是我师父亲自炒的菜，现在还保留着当时师父开的菜单。我家哥儿几个结婚都是师父亲自掌勺。师父家有事，我肯定也会去帮忙。师父的两个孩子跟我的关系也特别好，经常来往。我还经常去师父家，她教我一些炒菜呀，削萝卜花呀。在我最困难的时候，师父、师公就像父母一样帮助我，到家里来安慰我。几十年来，我从未淡忘。无论节假日还是工作日，一有时间我就会到师父家去看望她，唠唠家常，每每回想起来还历历在目。

　　跟师父学习红案，学到很多配菜知识。一份菜主料多重，先抓什么，再抓什么，都是有规矩的。要根据原料来确定下锅的先后顺序，配制时要看配料的性质，放在什么位置，由厨师炒制下锅的便利而定。一份菜125克，师父一抓就准，分毫不差。每每站在师父边上，她都故意放慢手速，让我看仔细，关键的地方也会点拨几句，使我很快掌握其中的要领。

师父的刀工那更是稳、准、狠，一气呵成，动作迅速，好于同灶的师傅。我的刀工受她的影响很大，一举一动都学她的模样，下刀的直度、斜度、坡度也都恰到好处。我还受到过王世忱侄子王家栋师傅的称赞。这些让我感到很自豪，都是跟师父学来的。

回想师父炒菜的场景，动作手法干净利索，炒出来的菜颜色好看，味道浓，出菜装盘一气呵成，很像高国禄师傅的举动，出菜一颠一翻，勺一歪进勺，立刻装进盘里。她的一举一动不愧是高师之徒。师父的刀工与众不同，上片手法，四指并拢，平行推进，下拉出片，厚薄一致，叠放码齐，时而推拉切，时而用专用的马头刀剥切出丝，肉丝、鸡丝均匀利落，整齐划一。外行人都看得出神。她每天上午要准备20来斤的肉片、10多斤的猪肝、20来斤的肉丁，要在11—12点前准备好，工作量够大的。

还记得师父教我做冷荤菜。制作蛋卷，有三环蛋卷、五彩蛋卷；咖喱菜花上色；拌双脆，冷菜双拼、四拼、五拼、七拼、八凑、垫底、周边、盖面、花式拼，色彩搭配，雕花、蝴蝶；边角料、下脚料怎么利用，我都学到了。

淮扬菜给我留下了深刻的印象，40多年来，我家每逢过年过节，必做的保留菜是干烧鱼、香酥鸡。淮扬菜的香酥鸡确实不错。有一次我在电视台录制节目时，遇见晋阳饭庄的总经理，他给我们每人发了一张领取香酥鸡的票。我到晋阳饭庄领了一只，品尝后感觉味道还是不如同春园的酥嫩好吃。我时常回味同春园的香酥鸡、干烧鱼、炒鳝糊。

师父常说："教你，得来太容易，不用心等于白费；偷学，是自己想学，想尽办法，得来不易，珍惜。"

再续前缘，余热生辉

马燕

我于 1976 年赴延庆插队；1978 年返城，被分配到西城柳泉居；1979 年又被派去参加西城区饮食服务公司举办的回城人员技术培训。在培训时我有幸结识了李玉芬老师，也是我学艺的师父。李师傅向我传授技艺，并悉心教导我，这令我终身受益，毕生难忘。

最近我找到了 40 年前的发黄的笔记本，岁月沉淀后仍带着一种厨房的烙印，仿佛又回到当年李师傅讲课的情景。跟李师傅学习，领会到冷荤的制作、烹调、刀工、拼摆、装盘的手法、色彩搭配等多项技艺，而且还上升到理论层面，这些都为我后来的工作、学习、讲课打下了坚实的基础。

在 1990 年的亚运会、1994 年的"远南"运动会和 2001 年的大学生运动会的餐饮服务工作中，我都担任冷荤主管。我们的餐饮服务深受国内外专家的好评。我还接受了北京电视台的采访。

我从一个什么都不会的回城知青，到取得今天的成绩，都是因为恩师的指点与教导。师父的言传身教，让我终身受益。后来我也走上了讲台，利用业余时间从事教学工作。我还曾经去过中南海、民族饭店、西安烹饪技术学校授课，这些本领我都是从李师傅身上学到的。她不仅是我的启蒙老师，也是我的领路人，有了这些技艺真功夫，我就有了自信心，遇到什么困难都不怕。她教会我如何做人、行事。她讲课时技艺的操作，每一个动作、神态，还有气质，潜移默化地影响了我40年。

不知什么原因，我和李师傅已经中断联系13年了，但始终没有放弃寻找她。终于有一天，在一个朋友圈的视频中，我发现了李师傅在制作外焦带汁的炸春卷。我一看是白常继发的，立刻向他要来李师傅的联系方式，与她取得了联系。第二天，我专程拜访了李师傅，共叙多年的思念之情。这是割舍不断的情分呀！李师傅还是那么健康，性格开朗，心态良好。我们又回忆起那时的实习餐厅、讲课的板书、记笔记的情景，还有工作实操时的严格管理，工具消毒，消毒水的配比，冰箱、门把手的消毒，毛巾的放置。她总是将案子擦得干干净净，灶具、食材、配料排列有序；讲课时按部就班，井然有序，环环相扣。她讲课和实操犹如艺术表演一般，可以说是一种享受。每周四必考试一次，我的分数总是最高的。李师傅非常偏爱我，经常带着我去同春园看高师傅，去服务学校交流。那时我和李师傅有说不完的话，彼此建立了深厚的情谊。

从李师傅身上，我学到了很多别人身上没有的东西。40年来，我那时学习记录的笔记本依然保存着，它太珍贵了，为我40年的冷荤工作助力。与李师傅相伴，受益永生难忘。

2018 年，听说李师傅要收徒，我追寻了大半生，更不能错过这次时机，便正式拜在了李师傅门下。2021 年，李师傅又带我加入中国企业联合会研发项目，成为资深顾问。同年，因为和李师傅再续前缘，花甲之年的我也学年轻人赶潮流，开了抖音号，现在已是拥有 24 万粉丝的美食带货主播，晚年生活忙碌而充实。

业精于勤，方得始终

古丰钦

　　"行家一出手，便知有没有，活是都干了，不在套路上。"师父的这句评价，让从厨 20 年自以为手艺还不错的我看到了差距。

　　2017 年朋友圈里的一条视频吸引了我，一位鹤发童颜的女厨师教授制作春卷皮，只见面团在她手掌间上下翻飞，一提一抹，手法娴熟，干净利落，动作如舞蹈般流畅优美，打出的春卷皮薄如蝉翼，均匀整齐。她就是烹饪界赫赫有名的国宝级大师李玉芬。

　　经多方打听和熟人引荐，我终于见到了师父本人。第一次见到师父，她态度谦虚，眉宇间流露出慈祥和威严，不由得使我心生敬畏。攀谈间，师父了解了我的情况，我也表达了想拜师的决心。经过八个月的接触和考察，师父觉得我虽然才薄智浅，但为人憨厚本分，做事有韧劲儿——这是她接受我入师门的理由。"业精于勤，方得始终"，也是师父送我的师训。

拜师仪式上，我上了终生难忘的第一课——"刀是厨师的命"，出不出活全看刀法。师父展示切姜丝的刀法，上片、叠切、剁切、推拉切，一招一式皆有道。我从未见过如此深厚的基本功。师父那种严谨的工作态度和刻在骨子里的自信，尽显大师风范，也深深地震撼和打动了我。

李玉芬大师是一位德高望重的老前辈，她希望把毕生总结的经验倾囊相授。师父常常教导我：人有没有底气，取决于有没有下真功夫、苦功夫、实功夫。想要增强为人做事的底气，必长于学习，精于学习。有了学问，就好比站在山顶，可以看到更远、更多的东西。

我是幸运的，在我人生最低谷的时候能遇上这样一位慈母般的师父。可以说在这些徒弟中我是最笨的一个，师父知道我学得慢，常为了一个手法反复指导。就拿师门的看家菜狮子头来说，需要精选原料，严格配比，制作的重要环节在技法，先观察肉的含水量，适量加水，搅肉馅的手法由慢变快，循序渐进，使原料搅打上劲儿。原料吃水量的多少是狮子头软嫩与否的关键。

师傅领进门，修行在个人。为了学会这道菜，我的"牛劲儿"上来了，我按照关键点反复练习，有几次做好后拿给师父品尝，师父指出不足后我又加以改正，前后做了50多次，出品才趋于稳定，也得到了师父的认可。我在中南海和武警总队服务过的领导，对这道菜都给予了肯定。有了这次的成功，我也有了信心。经过师父的严格考评，师门的几道看家菜我也都一一掌握了，现在也从一个默默无闻的厨师跃居主厨。心中有数，手中有术，才能处变不惊，从容应对，游刃有余。我会把师父的殷殷教导谨记于心，笃之于行，继承好师门的看家菜。

手眼身法步，厨行有秘诀

李小杰

戏曲里讲"手、眼、身、法、步"，在厨行也同样讲究。师父常讲，从厨第一是学好基本功，因为有了最基本的知识，人才能够往上走。而这个基本功就是"手、眼、身、法、步"。第二就是保持好奇心，多问几个为什么。只有这样才能常学常新，常思常悟，有所成就。

我是广东揭阳人，从小就对烹饪有浓厚的兴趣，感觉厨师是神圣的职业，是烹调美食的艺术家。不必说，美食节目也是我最爱看的节目。2005 年，中央电视台的一期《天天饮食》节目，让我在电视上见到了李玉芬大师。她气质优雅地出场，做起菜来井然有序。和其他厨师不同的是，李老师每一个工序都非常讲究，烹制的关键点都讲解到位，让我非常敬佩。

2011 年，我放弃学业，进入餐饮行业，每到一个地方就向同行打听李玉芬老师。功夫不负有心人，直到 2016 年，我和李老师在北京相遇了。登门拜访时，师公柳老师非常热情好客，他是大学教授，知道我年龄还小就弃学从厨，就语重心长地告诫我："餐饮业非常辛苦，年轻拼的是体力，但真正想在行业里成名，拼的是智力，拼的是文化。"柳老师这番话使我受益良多，也对我日后在淮扬菜、粤菜创新融合上有所启发。

师父和我爷爷年纪相仿，对我也像隔辈人一样地疼爱，同意收我为徒前还到揭阳老家家访过。2017 年 4 月 18 日，我被正式收入师门。师父当时意味深长的忠告让我终身受益。中国饮食文化源远流长，传承与融合二者在技艺的发展过程中是相互作用、不可分割的，没有一种技艺能脱离传承，也没有一种技艺的发展离得开融合。

入师门后，师父根据我的情况，提出了加强基本功的要求。淮扬菜七分在刀工，是成菜精细的关键。以刀工变化技巧形成菜式的花样，并以造型特征为特色的很多名菜，讲究的就是刀工。握刀的技巧，用刀的距离、深浅，左右手的配合协调，熟悉了这些动作后再慢慢提高力度和速度，掌握各种刀法并运用自如，达到出品效果。眼盯物不是死盯，而是眼观六路，耳听八方，遇事不慌，站立姿势端正，气定神闲，胸有成竹。厨行有人技高一筹，秘诀就在于对"手、眼、身、法、步"要领的掌握，加上用心体悟，以及日积月累勤加练习。

师父作为国宝级大师，在烹饪方面颇有造诣，对各菜系的菜品都非常有研究。我和师父虽远隔千里，但一直保持着微信联系。我经常在工作之余向师父请教烹饪技法，和她交流做菜心得。淮扬菜和潮州菜味道相近，细品有别。潮州菜擅长用生猛海鲜，"鲜、脆、嫩、爽、韧"，出菜快，常有人说是商业菜。淮扬菜用料广泛，加工精细，四季有别，制作方法上更胜一筹。我多在借鉴淮扬菜的烹饪技艺上下功夫，在菜品文化上创新融合。

看到淮扬菜的"文思豆腐"细如发丝，我决心一试。结合揭阳的特产，我用鲜嫩的竹笋做成"文思笋羹"，因为原料脆嫩的特点，经过选料加工，细细直切，也学师父教给我的上片、叠切刀法，终于在 2017 年去北京为《寻味淮扬菜》一书拍菜时制作了"文思笋羹"。回到揭阳后，成都电视台的李琨导演来拍美食节目《大师的菜》，我也制作了这道"文思笋羹"，受到了好评，并受到电视台的重视，给了我一个展示的平台。我利用师父教的剞花刀制作海鲜，烹制出的菜外形漂亮，均匀整齐。好评多了，出镜的机会也就多了。我成了主厨，并多次圆满地完成接待任务，在当地也算是小有名气的青年厨师。现在我登上了讲台，搞起了教学，还经常作为青年厨师代表外派参赛，连年获奖，为市争光。

这一切成绩的取得，有我自己的辛勤付出，更主要的是恩师无私地传授和指导。我坚信，只要不断努力付出，虚心求教，不骄不躁，定会在潮州菜与淮扬菜的融合中走出一条新路，做出成绩。

会看门道，还需名师点拨

徐彪

2015 年，在中央电视台《中国大能手》节目中，李玉芬大师受邀担任烹饪技能大赛评委。每道菜品呈现上来，她对菜品的精彩点评虽只寥寥数语，却入木三分，仅凭观察菜品形态、色泽，便能判断出油温的高低、上浆的薄厚，点评如抽丝剥茧一般层层深入，一针见血，让我印象深刻，受益匪浅。她不正是我一直苦寻的名师吗？

我干厨师 20 余年，虽有家传的手艺，但始终不得其法，掌握不了这里面的窍门。我有幸参加山东泰安烹饪大赛，李玉芬大师赠送《寻味淮扬菜》一书，让我对师门有了更深的了解。

师父从不对我妄加评论，经我苦苦相求，她才点拨一二。

师父教导我，"当下从厨者，多心态浮躁，急于求成，尚未会爬，就想着跑，终难成就！从厨之道，应以勤为师，以练为道，熟能生巧，水到渠成。""外行看热闹，内行看门道"，厨行里的"门道"就是做事情的方法和思路。学深悟透，知其然，更要知其所以然。师门技艺不是花拳绣腿，是几代老前辈经验的总结，不能只看表面，更要看到技法的本质和产生的原因。

2018年6月29日，我正式被收入师门，这一天让我终生难忘。厨行拜师礼、拜师帖、拜师宴我也见过很多，唯有我们师门的拜师仪式与众不同，多了"传道"环节。俗话说，"家有家规，行有行规；没有规矩，不成方圆"，既然进了师门，就要守师门的规矩。进入师门的第一课是"刀"，是在拜师礼成后开始的。师父让师兄摆上早已准备好的菜墩、马头刀和姜块。

传统厨行的老师傅爱刀如命，一把菜刀走天下，出不出活全在刀上。师父先从拿刀的安全规范讲起，右手持刀，左手护刀，刀刃朝上，刀背在下；放刀要刀背朝里，刀刃朝外，刀不出沿，置于墩子中间。在介绍本门的特色"马头刀"时，师父说起用刀的讲究，更是娓娓道来，"前切、后砍、中间劈"。磨刀必须自己动手，"前三后四，后四前三"，要护刀尖，最忌讳刀尖剁在墩子上。站姿站位，肘腕配合，每个知识点都讲深、讲透。

师父还展示了用本门的刀法切姜丝，"上片、叠切、剁切、推拉切"，边讲边操作，一气呵成，只见切出的姜片薄如纸，姜丝细如发。

这不是一次普通的教学，简单的教具，质朴的语言，却蕴含了门规戒律和师父对弟子们的殷切期望，体现了老一辈厨师深入骨髓的匠人精神和对生活、对事业严肃的态度。这种态度贯穿了她做人做事的方方面面，珍而重之，全力以赴。她用这样的态度来对待自己，对待生活，对待他人，脚踏实地，朴素之中令人心存敬畏。

福善久久，寓医于食

李森

从小我对治病救人、悬壶济世有着莫名的崇拜与向往。医校毕业后，我一直从事与医疗有关的工作，通过努力，经营了一家健康管理公司。随着人们生活水平的提高，健康意识的增强，健康管理已经不只是概念。传扬健康养生理念，维护健康，促进健康是我们公司的经营理念。师父是众多客户中最为豁达乐观、充满活力、和蔼可亲的一位老阿姨，每次和她聊天都能让我对所从事的健康事业有更深的理解。

"五谷为养，五果为助，五畜为益，五菜为充。""食宜早些，食宜暖些，食宜少些，食宜淡些，食宜缓些，食宜软些。"作为一位从厨50多年的烹饪大师，师父对中医养生的理念信手拈来。"健康从生活方式中来，首先就是一日三餐合理膳食"，这是师父给我上的第一课。她对美食与健康的理解如此深刻，让从事健康管理的专业人员都非常钦佩。

2016年，我正式拜入师门，虽然不是厨行中人，但在《寻味淮扬菜》一书录制菜品制作的过程中，师父手把手教我制作了几道看家菜，让我第一次对淮扬菜养生食疗、食材配伍有了初步的了解。师父言传身教，先学做人再学做菜。通过与师父的接触我体会到，人品是第一位的，这是道德文化修养，是做人、做菜、做事业的出发点。做事既要光明磊落，又要考虑周全，面面俱到，人人俱到，不能偷懒，不能违心。在做人方面我更是受益匪浅，大到做人的道理，小到行走坐卧，师父无一不教，使我成长飞快。

师父担任了公司会员理事长，为公司出谋划策，业务上给予很大的帮助，教我怎么更好地管理和为人处世。2017 年，我和师父谈起想开展养生餐业务，她很高兴，对我的想法非常支持，给我找了很多资料，并推荐我参加食疗养生师培训班。有了知识的储备，我更增添了信心。公司现在经营的业务已经涉及养生配餐服务，这是我业务拓展迈出的第一步。

在师父看来，食中有医，医中有食。中国传统中医养生讲究药食同源；不治已病治未病，健康就是从这一日三餐的简单饮食中来；要因时制宜，因地制宜，顺应心神，达到五脏平衡和谐。

我希望通过自己的努力，把中国源远流长的饮食文化和中医养生相结合，让健康管理走入寻常百姓家，用真诚服务社会、造福他人。

韩城大赛，结缘恩师

张靖

　　我与恩师李玉芬先生相遇在 2018 年。那年 9 月的"一带一路"中国韩城美食文化节，老师是特邀嘉宾兼评委，我是参赛选手。当老师看到我的参赛作品时，她说了一句："满场就这道菜看起来还像那么回事。"她随手点了一点儿汤汁，尝了一下味道，点了点头微笑着离开了。当时我的目光一直跟随着老师，她工作时的热情与严谨、满头的银发及和蔼可亲的形象，给我留下了深刻的印象。比赛结束后，我通过主办方打听到了老师的具体信息，跟老师合影留念，同时萌生了拜师学艺的想法。通过几个月的观察、考核，我终于进入郇味师门。老师给我介绍了师门的历史，开国第一宴的组成，介绍老师的师爷王兰先生、老师的师父高国禄先生，以及老师的师兄弟。随后几个月，老师组织了几场师门技术培训，我都参加了。培训内容包括蟹粉狮子头、香酥鸡、干烧鱼、干炸丸子、松鼠鳜鱼、炒腰花等几十道菜品从初加工到菜品成型的全过程。老师那真是手把手教我们，一遍又一遍指导，传授本门刀工特点，提升出菜技术和速度。老师那种敬业精神、无私奉献精神和正直的品格，受到大家的称赞，说她德艺双馨一点儿也不为过。她的一言一行都值得我们认真学习和领悟。记得当时我从家到北京参加老师的培训，有道清炖狮子头老师做得特别滑嫩，清香可口，我舍不得吃掉，高兴地跟老师说，这个狮子头我得打包一个回去给岳母尝尝，得让家里人知道我来北京学习没白跑一趟。到了家，我第一时间让家人品尝，大家都称赞老师做的狮子头好吃。后来一个周末，家人又想吃狮子头了，我买了五花肉，开始了学习后的第一次狮子头的制作。为了获得好评，我小心翼翼地回想学习时的每个环节——切肉、调味、搅拌。忙了一晌午，终于开饭了。最后家人点评：没有从北京带回来的好吃，口感差了些。于是，我又向老师请教其中的奥妙。老师说："水放得不够，搅拌打肉的力度与时间不够，不要感觉差不多，其实差得远着呢。厨师就是力气活儿，该出力气的活儿就不能偷懒，淮扬菜讲究功夫，得多练……"她那种对技术的严谨和热爱深深地打动了我。我自认为从前做得还可以，结果遇到老师后，发现我的那些技术和功力真差得太远。我谨记老师的教导，低调做人，懂得感恩，把师门的看家菜做好，并传承下去。

传道授业解惑，知不易，行更难

黄灵亮

我是福州人，精通闽菜，1999年入行，从事厨艺事业23年，有幸得到过几位中西餐大师的指导。经过自己的努力，我先后经历过闽江饭店、银杏酒店、悦华酒店，以及国外的学习。从学徒到负责人，一路走来，不断前行，我如今是学校烹饪专业的负责人。

依稀记得2008年，我代表学校去泉州参加中加美国际烹饪技术交流大赛。我做了个闽菜的展台，荣获了国际烹饪团体金奖。那年，李玉芬师傅是评委，她在我的展台前逗留了很久。我上前与她攀谈，聊起闽菜的种种。她很健谈，一方面表示认可，另一方面指出不足，让我印象深刻。我当时就想，如有机会一定向她多多讨教。今有幸拜李玉芬大师为师，进了师门，感受颇深。师父一生都奉献给了烹饪事业，身上透着执着和专注。得到师父的亲自指导，对于淮扬菜的制作技艺，我有了进一步的认识和提升。她将每道菜肴的工序都讲解得很到位，包括让你知道原因，为什么需这么处理。今天我也是一名烹饪教师，承担着传道、授业、解惑的责任，相信唯有经历磨砺，在守住传统的基础上，不断学习，提升格局，发扬工匠精神，才能蜕变成一名像师父一样的真正的传授者。

知不易，行更难。很多人认为工匠是一种机械重复的工作者，其实工匠有着更深远的意思。师父她代表着一个时代的气质——坚定、踏实、精益求精，这正是我要学习的榜样。不积跬步，无以至千里；不积小流，无以成江海。锲而舍之，朽木不折；锲而不舍，金石可镂。人生一定要有追求，更要有毅力，有恒心。只有坚持不懈，持之以恒，才能获得成功。师父就是这么一个人，传承中国"四大名厨"之一、淮扬菜大师王兰师祖，传承淮扬菜泰斗高国禄师爷，不忘师训，坚持传承，誓把淮扬技能及文化倾囊相授，让淮扬一脉发扬光大。

能做到且用生命来坚持，太难！

只有少数人能够保持风格，在自己坚持的道路上一直做到专业，做到极致……执着、专注是优秀工匠的必备品质。执着就是长久地，甚至用一生来从事自己所认定的事业，永不言弃。专注就是把精力全部凝聚到自己认定的目标上，一心一意地走好自己的路，不达目的誓不罢休。我想这也是我今后要走的路。

技法有传承，续写师门谱

胡斌

　　我的师门乃名门正派，师传历史悠久，传承脉系清晰，从中华人民共和国成立初期"四大名厨"之一的王兰祖师爷开始，代代相传，绵延至今。虽然没有见过我的师祖王兰、师爷高国禄，但我跟随恩师李玉芬先生已近两年，每每从聊天的细节、做人处事的胸怀、谦虚谨慎的作风、传统菜肴制作手法的严谨、技艺的掌握全面等各个方面，能感受到历代祖辈绵延的名门正派之风。

　　我因《寻味淮扬菜》一书与师父结缘，感恩师父开恩，允纳弟子入门。进入师门后，我才真正了解到，如果没有恩师的著作和在网上发布的一些文章，世人可能已经不了解、不熟悉这个门派和开山宗长了，恩师便是这承上启下的中流砥柱。今生能遇恩师，是缘分，更是我的荣幸。烹饪是手工作业，口传心授。恩师70多岁高龄仍开班授课，无私奉献，亲力亲为，弟子实为感动。作为师门弟子，应当常怀感恩之心，既入师门，就要遵守门规，遵守师训，传承经典，学好看家菜。

常记常念恩师教诲，这也是许多事情的中心思想：没有传承就没有延续，没有联系就没有感情，没有沟通就有了隔阂，心与心就有了距离。要沟通就要诚心诚意，情绪平和，语气诚恳。

2019年5月，我和师父及众师兄们参加了首届中国烹饪艺术百佳师门大会。承蒙师父信任，活动前期我与主办方东方美食研究院对接，其间随时跟师父沟通、汇报。当时参加大会的每个师门都有名称，而且都是以掌门人的名字命名的。我跟师父汇报后，师父说不行，坚决不能用"李玉芬师门"这个名号参加师门大会和印制师门旗，要用"郇味师门"参会，让我和组委会沟通，如果不行我们就不参加了。当时全国众多有名望的大师、泰斗都是以个人姓名为师门名号的。上百家师门，唯独我们使用郇味师门名号参加大会，由此可见，师父从来都是低调、务实、不图虚名的。师门声誉大于一切，胜于一切。参加大会后，我有过思考，百家师门真的都有传承吗？有，但很少。有的可以拿出来。哪家可以做到传承脉系非常清楚，收徒要求严格？根据资料可知，京朝淮扬菜从1920年创立开始，到王兰师祖、高氏门派、郇味师门，已经有100多年了。如果没有师父《寻味淮扬菜》的记载，估计就要失传了。有些师叔也参加了师门大会，高举的却是自己的名号。有谁高举高氏门派呢？只有郇味师门。师父在师门大会上的发言简述了师门历史，说明了郇味师门的前身是高氏门派。

2020年11月，我和师父去了王兰师祖之子王文玉老师的家里，他见到我们感觉特别亲切。他从王兰大师的家庭情况，学徒，为毛主席、周总理等国家领导人做好餐饮服务，十年大庆宴会主理，高师傅等传承故事展开讲述，特别提到找了4年才找到李师傅，送师门谱。我听了非常感动。王文玉老师说了一句话："如果没有李师傅，就没有人知道王兰、高国禄是谁了！"因为师父的一篇文章《回忆恩师高国禄》上传到互联网上，里面提到了王兰大师。

王文玉老师为了一本师门谱找了师父4年。一个师门的传承需要有历史见证，要名正言顺，师出有名，师门谱很关键。师门第二本书的编写，我觉得就是百年师门传承谱系的编写和定格，承上启下，意义重大。

师父德艺双馨，跟她学做人，学做事，再学艺。她永远把做人和做事放在前面，是我们学习的榜样。只有把人做好，才能做好事情；把事情做好了，才能把技艺学好，才能做到真正的传承，这些缺一不可，否则地基不稳，德不配位，必有灾殃。师父70多岁高龄一直在为传统技艺的传承奔忙，开学习班宣讲，对我辈来说非常难得。师父将实操与理论相结合，现场说法，毫无保留，令人印象深刻，这是我在烹饪圈中没有见过的。遇见师父三生有幸，她是我在烹饪事业上的指路明灯，更是我们师门明亮的灯塔，永远牵挂着我们，照亮着我们。我将怀着感恩之心，跟随师父踏实做人、做事。

炸春卷学习感悟与工作实践

胡斌

提起炸春卷，入厨就见过，哪个饭馆都有，总觉得是一道非常家常的主食，甚至它属于哪个菜系，我都搞不清楚，所以不知道，一个小春卷，内有大乾坤。

2018年，我参加第一期学习班，师父传授了十道师门经典菜肴，里面就有这道炸春卷，这使我第一次对平凡无奇的炸春卷有了新的认识和崇拜。之前在"厨之道"看过师父制作炸春卷的视频，我反复看了几遍。她手法娴熟，将面团置于手掌上，无论怎么甩都不脱落，面团在铛边甩制片刻，在铛上快速一抹一提，摊出一张薄如蝉翼的圆饼皮，这便是打春卷皮。

炸春卷是一个要求基本功的菜肴，必须勤加练习才能有所成。在师父开设的第一期培训班上，我第一次这么近距离地向师父学习，实在是一段难忘的记忆。为什么上学习班？因为现在社会上的师徒关系大多只存在于名，而无其"实"。"实"就是务实，就是技艺传承，尤其是师门内的技艺传承。现在不像以前，都是徒弟和师父一起朝夕相处，师父找徒弟，去收徒；现在是徒弟找师父，去拜师，不能一起工作，相互不了解。为了弥补这些不足，师父创造条件和机会，开设师门内部技艺传承班，从基本功讲起，由浅入深制定培训菜单。我参与了学习班的选址，定菜单，采购，选料等。其实大家看到的学习班菜单是非常普通的，甚至被认为太过简单，可大家不知道，在选定这些菜肴背后，师父的想法与付出。

在这次学习班上，我真正体会到了"师傅领进门，修行在个人"。每个人的侧重点不一样，对每道菜的理解也不一样。而我抓住了春卷，要学会它，传承它。学习班结束后，师父为了师门声誉，严格审核弟子所做的本门菜肴，考核合格者方可颁发传承证书。在师父的鼓励与督促下，我更加严格要求自己，立志做一名合格的传承人。基本功不扎实的我，只能以勤补拙，笨鸟先飞。为了学做春卷，我每天和2斤面，天天练习，不明白处就请教师父，她总是耐心地指导。我把春卷制作的工艺流程详细记录下来，从面皮制作、制馅、包春卷到炸春卷、成菜，共23步，每一步都有关键点。我在练习中发现问题，解决问题，通过勤加练习，也小有进步。在练习师父教过的菜肴时，每当有一点儿进步，我都非常有成就感，满心欢喜。子曰："学而时习之，不亦说乎？"我经常感恩师父。师父将辛苦一生所得的技艺，无偿无私地教给我们，我们还有什么理由不努力学习？我们要不断取得进步，追随师父的脚步，报答师恩。

2019年9月，我在江苏工作，从事酒店管理。当地厨师制作的春卷是从市场买回成品皮，炒馅包制后售卖，包出的春卷成型较小且紧实，可想而知，口感肯定发艮，达不到外酥里嫩。随即我安排厨师备料、和面、泡浆，自制春卷皮，制作肉末荠菜馅料。在当地厨师眼里，你一个北方来的厨师，来做我们江南地区每逢年节家家户户都做的春卷？他们心中不由得会打出一个大问号。当客人和老板品尝我制作的炸春卷后，他们都给予了高度的认可和评价——外酥里嫩。厨师们也都投来了认可的目光。如果这次没有被认可，或许在以后的管理工作中我就会捉襟见肘。我的信心来源于京朝淮扬菜，来源于师父的教导。

淮扬菜进入北京，要跟随服务对象的变化而有所改变。比如炸春卷，老百姓爱吃韭菜馅的，但如果在大宴会上就不能吃气味刺激的食材，应该使用荠菜、油菜等做馅，并且在尺寸大小上也有严格的要求。

以上是我在参加学习班，跟师父投入工作的过程中的一些体会，与大家分享！

蜡梅开花别样红
——记叙京朝淮扬菜第一期学习班开班

张小川

京朝淮扬菜传承导师李玉芬收徒仪式

初冬的北京寒冷异常，我们京朝淮扬菜郇味师门喜气洋洋。因为 12 月 9 日是个双喜临门的日子：师承淮扬菜泰斗王兰、高国禄的京朝淮扬菜将在掌门李玉芬导师带领下，举办第一期京朝淮扬菜的授课培训；在同一天，三位后进有幸得入师门，加入京朝淮扬菜的大家庭，仰承师父教诲，聆听众师兄指导。

9 日早上 6 点多，天未放亮，师父就已做好出发讲课的准备，她精神矍铄，双目有神，一种发自内心的喜悦洋溢在脸上。培养弟子，传承师门，一直是她的执着。如今开课第一天，她比所有的徒弟都起得早。早 7 点，开车接到师父，来到胡斌老弟安排的培训场所，一切准备停当。早 8 点，师门具有历史意义的京朝淮扬菜第一期学习班的培训准时开始了。参加学习的师门弟子统一着装，领取笔记本。

参加学习的弟子有浓眉大眼的胡斌、风尘仆仆从陕西赶来的帅哥张靖和我。师父先以座谈茶话的方式向弟子们讲述师门的历史和典故,风趣活泼,引人入胜,使众弟子在轻松的氛围里更多地了解了京朝淮扬菜门内的故事。伴随胡斌一声"培训食材都已备好",师父领众弟子来到操作间。师父洪亮的声音在房间里响起:"淮扬一门,七分刀工,三分上灶……"随着讲解,她手中一把大刀舞动起来,刀厚分足,寒光闪烁,在她的手中却显得轻松灵巧。弹指之间,她已将一条大鱼拆分停当,分样摆盘。原来师父的独门刀工竟如此神奇!不知不觉间,师父已讲解了2个小时有余,大家听得津津有味。她的神态非常认真,生怕徒弟们不明白。临近中午,师门大厨张顺明师兄从天津赶来。助教一到,转移"阵地"到灶台,开始炒菜。时间已临近中午11点半,炒什么菜呢?一鱼三吃:红烧鱼段、烧划水、滑鱼片。张师兄炒菜,师父在旁边讲解,包括京朝淮扬菜的火候、用料、程序、时间等,巨细无遗。就连"久经沙场"的国宴大师张师兄,在师父的严格教授下,在用料上都有些不知所措。菜品做成,已是中午12点多,师父并未让大家动筷子,而是逐盘讲解每道菜的标准,足足讲了20多分钟。徒弟们收获极大。终于可以动筷子了,每道菜都味道鲜美,烧划水鲜嫩可口,滑鱼片滑嫩味鲜,红烧鱼段香鲜味足。大家一边吃,师父还一边讲解每道菜口味上的特点和不足。

时间过得很快。下午4点,意犹未尽的众弟子随师父一起来到京家缘饭店,在这里举行三位弟子入门拜师的仪式。房间内气氛热烈,喜气盎然,特邀嘉宾和见证人陆续到场,师父和师公柳松年一起到场,主持仪式的是传媒大咖姜波先生，到场的见证人有赵宝忠师叔、白常继师叔、陈春平师叔、中国食文化研究会会长助理张启新女士、帮助网总负责人刘海涛先生等厨界名士和各界名友。在主持人庄重声音的引导下，张小川、张靖、胡斌三位后进按照既定程序完成了拜师仪式，各位见证人和嘉宾分别发表讲话并祝贺。赵建华师兄、张顺明师兄、林宝军师兄，还有远道而来的天铭师兄都到场祝贺。师父收纳青年才俊，光大淮扬菜系，弘扬国粹美食，一片赤诚。有诗颂曰：

京朝淮扬菜传神，邰味导师李玉芬；
传承有道不辞苦，无愧当代一掌门。

第二天早上 7 点，我陪同师父从家去往培训场地。当天起风了，冷空气形成的寒流在清晨越发凛冽。我的车限号，早上打车很困难。师父抓住我的手笑着说："不碍事，坐公交一样到。"距离车站 30 米，看到特 16 路已到站，师父说跑起来，咱们能赶上。顶风快跑 30 米，师父健步如飞，七旬年龄的她为赶上教学时间，不耽误徒弟们的学习，真是"拼了"（不知道 30 米快跑是啥体验的诸君可以回忆一下小学时 50 米跑的滋味）。我们挤在人满为患的车里，过了整整 16 站才来到培训场地。

当天除了前一天参加学习的三位师兄弟，敦厚实在的古丰钦师兄也加入了学习班。在胡斌老弟精心安排的每日早点后，师父照例开始了茶话会谈，讲述历史，点评人物，回忆师门故事，娓娓道来。京朝淮扬菜一门深厚的历史文化积淀，像一扇厚重的大门，在师父的讲述间，徐徐打开，师门的历史典故像播放电影一样展现在众弟子面前。茶话会后开始了实践教学，教授片鸡的刀法，师父亲自操刀，边讲解边演示本门独特的刀法。一只鸡大腿在师父的刀下三下五除二，被干净利落地剔除骨头，整成方块。片出的鸡肉片薄可透光，切出的鸡丝宽窄均匀，落刀极快。师父演示后，一众弟子相继实践。张靖老弟第一个上前，手脚敏捷，操作熟练，师父针对他的情况讲解了注意事项。接着古丰钦师兄上场，未切几刀屁股上已遭师父飞起一脚，原来古师兄的片肉刀法有误，不符合本门的要求。师父要求严格，期盼越高，责之越深。我们不由得恭喜古师兄获得本次学习班开班第一脚。接着胡斌老弟上阵，手法迅速，动作麻利，师父又仔细指点了一番……学习的时间总是过得很快，上午学习了刀工，中午我们上灶。当天学习的菜是油爆虾、糖醋排骨、蒜黄鸡丝。师父教学一丝不苟，徒弟们学习兴致勃勃。又是一顿师门正宗的美味午餐。我对师父言道："昨天做的鱼已经调高了我的食鱼品位，今天的糖醋排骨又使我对排骨的品位提了起来，今后到外面吃饭，鱼和排骨很难入我口了。"不知不觉已近下午 3 点了，连续两天的讲解和亲自操作，再加上路上来回地奔波和课堂上连续 8 个小时的教课，别说年逾七旬的师父，就是我也感到疲惫。可是师父仍然坚持将食材备好。第三天要教授香酥鸡、清水狮子头、干炸丸子。师父亲自演示了香酥鸡的清理、上料的方法。又是整整 1 个小时，直到下午 4 点才离开。当天的授课体力强度确实太大了。徒弟们都心疼师父，可她却乐在其中。她经常说的一句话就是：你愿意学，我就乐意教。

最后一天的教学在清晨的喜鹊叫声中开始了。由于张靖老弟要在中午赶火车回程，教学时间压缩在2个小时以内。师父教授了香酥鸡的烹饪方法，然后开始了清水狮子头和干炸丸子的备料。制作狮子头和丸子，打馅是其中一个重要程序——由于张顺明师兄单位有事情，所以后两天胡斌老弟主动担当起助教的任务——胡斌老弟一边调馅，师父一边讲解要点。突然间，胡斌老弟的屁股挨了师父一记飞脚，原来调制方法有误。师父撸上袖子亲自操作，徒弟们恍然大悟，原来是这样调制的。严师出高徒，我们不禁恭喜胡斌老弟。中午前，菜品制作完成。清水狮子头入口嫩滑，汤味鲜美，师门的正宗味道，真是不同凡响。师父不停地讲解每道菜的特点，偶尔弟子询问，她便仔细回答，技艺交流气氛十分热烈。在大家不停口的品尝中，师父高兴地宣布，本次京朝淮扬菜第一期学习班圆满结束，现场报之以热烈的掌声。大家纷纷期待第二期的培训早日开始！有诗为证：

冬日帝都喜洋洋，淮扬精英聚一堂。
掌门亲把绝技传，师徒情分意蕴长。
冰冷寒风难止步，路途遥远又何妨？
但有传承精神在，京朝淮扬放光芒。

2018 年 12 月 14 日

111

寻味篇

第 一 代: 王锡卿

代表菜肴: 北京樱桃肉、清蒸螃蟹、清蒸鲥鱼

第 二 代: 王 兰

代表菜肴: 国宴狮子头、将军过桥、烧熏武昌鱼

第 三 代: 高国禄

代表菜肴: 松鼠鱼、炒鳝鱼糊

第 四 代: 李玉芬

代表菜肴: 北京炸带汁春卷、北京荷包鲫鱼、鸡汤煮干丝

第 五 代: 胡 斌（等）

代表菜肴：翠珠鱼花、罗汉肚、糯米桂花藕、酸辣蓑衣黄瓜、香辣牛肉、糟香鸭肝、脆米冲汁石斑鱼、江南自制年糕烧黄鱼、鸡汤大煮干丝、江南酥皮小牛肉、辣子鸡、白炒香螺片、虾子海参、软炒全蟹、富贵鱼米、竹排鳝鱼、韭黄炒鸡丝、凤尾生敲、酥爆鲫鱼、荷叶粉蒸肉、酱牛肉、松鼠鳜鱼

北京樱桃肉

乾隆四十五年（1780年）皇帝南巡，曾下榻扬州安澜园陈元龙家中，陈府家厨张东官烹制的菜肴很受乾隆喜爱。后张东官随乾隆入宫，深知乾隆喜爱厚味之物，就用五花肉加香料烹制出一道肉菜供膳。制肉口味酸甜，肉香浓，称为樱桃肉。因张东官是苏州人，他制作出来的菜品被称为"苏灶"。

南北朝时，有"焦猪肉"，江苏樱桃肉是"焦猪肉"的发展。烧肉用红曲，在江南一带至少有500多年的历史了。明代"大爝肉"，即用红曲米，使肉成熟后皆作红色。樱桃肉作为名菜有近200年历史。乾隆时江苏樱桃肉有三法：一法用生五花肉切小方块，配绿蚕豆米加佐料烧成；一法用方块制小方格刀纹的熟肉烧成；一法在樱桃肉盘边围凉开水洗净的鲜樱桃——此为盛大筵席所用，真假樱桃相映成趣，荤菜素果相得益彰，别具风味。苏锡一带多做此菜。扬州多用

116

第一法，粒小糖轻，不用红曲，而用绍酒。

樱桃肉中配蚕豆，取宋人杨万里的蚕豆诗之意，诗云：“翠荚中排浅碧珠，甘欺崖蜜软欺酥。沙瓶新熟西湖水，漆櫑分尝晓露腴。味与樱梅三益友，名因蚕茧一丝絇。老夫稼圃方双学，谱入诗中当稼书。”樱桃肉菜充满诗意，颇得“味与樱梅三益友”一句之真谛。

蚕豆亦称胡豆、罗汉豆、佛豆、倭豆、马齿豆、南豆，因其在蚕上山结茧时成熟得名。嫩青蚕豆可做多种菜肴配料，亦可加葱盐单烧，还可以用腌芥菜加油炒食，随采随食，其味甘美。老蚕豆可以爆炒，可以去壳油氽豆瓣，可以煮豆泥、发豆芽、拌黄豆，可以磨浆做豆腐，嫩蚕豆苗还可以作为绿叶菜炒食。

制作北京樱桃肉时，先将一斤猪肉洗净，入沸水锅中煮制，出水捞起，用清水洗净，切成约 1.3 厘米见方的块子待用。炒锅上中火，放入肉块，加葱结、姜片、绍酒、红曲水、香料、精盐、酱油和肉汤烧半小时，加冰糖，加盖移小火烧至酥烂，放入鲜蚕豆米，锅转旺火，再加冰糖，收稠汤汁，锅离火，去葱、姜、香料后装盘。肉若樱桃，豆似翡翠，肉香豆鲜，肥而不腻。

北京制作此菜，视散客、宴席、宴会而定，也有在冷菜中使用此菜的，煮六成熟，挂糖醋收汁。

清蒸螃蟹

《红楼梦》第三十八回写宝黛在藕香榭食蟹的事，螃蟹笼蒸熟，大家"自己掰着吃香甜"，佐以姜醋，饮以热酒，边剥边食，持蟹赏桂咏菊，煞是人间风雅韵事。贾宝玉先来一首，只说食蟹时的馋相，直赋其事，未脱俗气，实属平平。林黛玉一首"铁甲长戈死未忘，堆盘色相喜先尝。螯封嫩玉双双满，壳凸红脂块块香。多肉更怜卿八足，助情谁劝我千觞。对斯佳品酬佳节，桂拂清风菊带霜"，就高雅多了。薛宝钗借题发挥，诗云："桂霭桐阴坐举觞，长安涎口盼重阳。眼前道路无经纬，皮里春秋空黑黄。酒未敌腥还用菊，性防积冷定须姜。于今落釜成何益，月浦空余禾黍香。"雪芹借宝钗之笔，怒骂那些横行不法、皮里黑黄的两脚蟹，骂得真是令人痛快，是食蟹诗的杰作。

卢纯说："四方之味，当许含黄伯为第一。"含黄伯即螃蟹。螃蟹，又名无肠公子，还称郭索、拥剑、横行介士、执火、千人捏等。汉以后，江浙人为彭越鸣不平，也称螃蟹为彭越，小短脚蟹为彭脐。金秋时节，"九月团脐十月尖"，蟹最肥美，所谓"菊花黄、螃蟹肥"，称之为乐蟹。江南以上元时蟹为贵，谓之灯蟹。我国食蟹已有几千年历史。西周时，即有蟹酱、蟹胥之制。春秋时，吴国苏州一带，有一年螃蟹横行稻田，农民连稻种都没收到，这就是所谓"蟹荒蟹乱"。直到元朝大德年间，江南有的地方还闹蟹荒。所以有人说，第一个吃螃蟹的人是一位有勇气的了不起的发明家。南北朝时糖蟹已很出名，隋炀帝时，吴郡有蜜蟹入贡。宋有酸蟹、蟹羹，还有蟹黄包子（即陆游所谓"蟹供牢九美，鱼煮脍残香"中的"蟹供牢九"）。元明以后有醉蟹、糟蟹。但南北各地普遍流行的简便方法是清蒸螃蟹，剥壳食之。

宋人有诗云："味尤堪荐酒，香美最宜橙。壳薄胭脂染，膏腴琥珀凝。"蟹味是美的。杨万里云:"一腹金相玉质,两螯明月秋江。"蟹味能助人雅兴。陆游云:"传芳那解烹羊脚,破戒犹惭擘蟹脐。""蟹黄旋擘馋涎堕,酒渌初倾老眼明。"刚动手剥开肥蟹时,馋得口水淌下来,持螯把酒,昏花的老眼也亮起来了。这些诗句都说蟹味美,发人食欲,说的都是剥壳食蟹。

元代食煮蟹较多,"用生姜、紫苏、橘皮、盐同煮,才大沸透便翻,再一大沸透便啖。凡煮蟹,旋煮旋啖则佳,以一人为率,只可煮二只,啖已再煮。"明清两代,比较讲究的人家多食蒸蟹。李渔云:"凡食蟹者,只合全其故体,蒸而熟之,贮以冰盘,列之几上,听客自取自食……旋剥旋食则有味……"贾宝玉他们吃的正是"蒸而熟之"的清蒸蟹。"蟹之为物至美……世间好物,利在孤行。蟹之鲜而肥,甘而腻,白似玉而黄似金,已造色香味三者之至极,更无一物可以上之。和以他味者,犹之以爝火助日,掬水益河……"李渔的话是有道理的,袁枚也认为蟹宜独味。但是任何事物不能绝对化,食蟹也是这样,蟹与他物配合,同样可以烹制佳肴。炒蟹粉、炒蟹脆、锅烧、芙蓉蟹、蟹粉狮子头、蟹粉蹄筋、蟹油水晶球、烧二海等名菜都是蟹配其他食物做成的,同样是席上珍品。

江河湖海都产蟹,淡水蟹味最佳,江苏清水大闸蟹闻名于世。苏州、松江、柳湖、太湖、阳澄湖都产大蟹;江北宝应湖、高邮湖、邵伯湖、兴化水乡所产大蟹亦被称为上品。宋人林洪说:"蟹生于江者黄而腥,生于湖者绀而馨,生于溪者苍而青。"清人李斗说:"蟹自湖至者为湖蟹,自淮至者为淮蟹,淮蟹大而味淡,湖蟹小而味厚,故品蟹者以湖蟹为胜。"他说湖蟹味厚,这是对的,但说湖蟹小,则不符合实际情况。"震泽渔者得蟹,大如斗",陆游云"黄甘磊落围三寸,赤蟹轮囷可一斤",太湖一带蟹有一尺长一斤重,号称"斤蟹",怎么能说"小"呢?江北扬州三湖之蟹确是美味。宋代黄庭坚《食蟹》诗有句:"海馔糖蟹肥,江醪白蚁醇。每恨腹未厌,夸说齿生津。三岁在河外,霜脐常食新。朝泥看郭索,暮鼎调酸辛。趋跄虽入笑,风味极可人。忆观淮南夜,火攻不及晨。横行葭苇中,不自贵其身。谁怜一网尽,大去河伯民。鼎司费万钱,玉食罗常珍。吾评扬州贡,此物真绝伦。"

清蒸鲥鱼

鲥鱼是江苏名产,因腹下鳞甲如箭镞,俗名箭鱼。

鲥鱼形秀而扁,似筋而长,白色如银,肉质细腻肥美。清人谢墉有诗云:"网得西施国色真,诗云南国有佳人。朝潮拍岸鳞浮玉,夜月寒光尾掉银。长恨黄梅催盛夏,难寻白雪继阳春。维其时矣文无赘,旨酒端宜式燕宾。"极言鲥鱼形美,如南国佳人西施,味美宜作席上珍馐。但鲥鱼也有缺陷,其肉中刺多如毛,故有"鲥鱼多骨"之憾。

鲥鱼每年春末夏初时即从海内洄游,到江中产卵,时间很准,故有"鲥鱼"之名。镇江三江营江所产鲥鱼历来盛名。据说鲥鱼同刀鱼有相似之处,亦非常爱其鳞,渔人以丝网沉水数寸捕鲥鱼,有一丝挂住鱼鳞鲥鱼即不再动弹。江岸人不仅爱食鲥鱼,且爱用大鲥鱼鳞做装饰品,取大鳞用石灰水浸泡脱脂，一层层揭起薄片，用来做头上装饰的花钿。

最初，江东人食鲥鱼，后来北京城也食此鱼了。明代何景明有诗云："五月鲥鱼已至燕，荔枝卢橘未应先。赐鲜遍及中珰第，荐熟谁开寝庙筵。白日风尘驰驿骑，炎天冰雪护江船。银鳞细骨堪怜汝，玉箸金盘敢望传。"写明代江南贡鲥鱼入京，夏日用冰雪护船，保持鱼鲜，宫中赐群臣鲜鲥鱼筵的情景。当时与筵者把吃鲥鱼当作一种特殊待遇，足见当时鲥鱼之名贵。

人们长期食鲥鱼，获得了很多的经验，比如此鱼宜蒸不宜煮，红烧不如清蒸，配以竹笋、芦笋连鳞蒸食最好等。苏东坡诗云："芽姜紫醋炙银鱼，雪碗擎来二尺余。尚有桃花春气在，此中风味胜莼鲈。"这里说的是另一种食法：炙鲥鱼。

扬州镇江一带的清蒸鲥鱼，很讲究造型。蒸时将配料铺在鱼身上，成花式图案，增添色泽，丰富口味，相比传统做法，这是一个重要的改进。清蒸鲥鱼贵在"清"字，保持真味，切不可放鸡汤，否则会喧宾夺主，"真味全失"，原来的经验在今天仍是有益的。

制作清蒸鲥鱼时，先将鲥鱼从脐门的入口沿胸尖剖腹，去内脏、鳃，不去鳞，剖成两片，各有头尾，取其软片（无脊骨者），洗去血污，用洁布擦干水，将猪网油晾干。用手提住鱼尾，将鱼入沸水略烫杀腥，放入盘内，用火腿片、香菇、笋片铺鱼身，成花式图案，放入熟猪油、精盐、虾子、料酒，蒙上猪网油，再放葱姜，上笼蒸12分钟取出，去葱姜及猪网油，将汁滗入碗内，加胡椒粉调和，浇鱼上，配以香菜即成。

北京是个特殊的城市，皇城及皇城下的达官贵人都有机会、有条件吃到鲥鱼，不说皇宫，不说宴会，就是市井高档点儿的苏菜馆，也有江南人在春末夏初来食鲜。常听老师傅讲，鲥鱼是洄游鱼类，生在河里，长在海里，死在江里。二十世纪六七十年代，西单的老字号镇江饭庄（"文革"时期同春园饭庄改名而来），零点散客都有鲥鱼卖，一条可，半条或四分之一都可，稍烫一下去腥，洗净，放盘中，放料酒、盐、胡椒粉入味，上放火腿、香菇、冬笋、葱姜、花椒、高汤，没有猪网油则放肥膘，上笼蒸10—12分钟（视头尾），取出来后，去掉葱姜、花椒，原汁回锅去浮沫，浇到鱼上，带镇江醋、姜末上桌。江南人讲，蒸时不入味，肉老；北京要入味少许。

国宴代表菜之一——国宴狮子头

国宴狮子头是家喻户晓的一道菜。"狮子头"，即扬州话说的"大斩肉"，北方话叫"大肉丸子"或"四喜丸子"。据说它的"远祖"是南北朝《食经》上所记载的"跳丸炙"。将猪羊肉、葱姜"合捣，令如弹丸"（《齐民要术·炙法第八十》），是用杵臼捣制的，而不是用刀切斩的；是用火烤炙的，而不是炖的。另有一种"煮之作丸"的肉圆子，是用水煮的，而不是炖的。唐代有汤浴绣丸，是用肉糜做成的，肉丸和蛋在汤中隐约如花，造型很别致。元代无锡称水汆肉圆为"水龙子"，内用杏仁，外衣真粉，入沸汤。食时，和以清辣汁。清代以后不用杏仁，避免了药味，也不用粉衣和清辣汁，而改用配料鸡毛菜或茼蒿，有时配笋丝。此虽荤菜，但食之胃口清爽，为春夏皆宜的菜肴。

史书记载，当年隋炀帝带着嫔妃、随从，乘着龙舟和千艘船只沿大运河南下时，"所过州县，五百里内皆令献食。多者一州至百舆，极水陆珍奇"（《资治通鉴》）。杨广看了扬州的琼花，对扬州万松山、金钱墩、象牙林、葵花岗四大名景十分留恋。回到行宫后，吩咐御厨以上述四景为题，制作四道菜肴。御厨们在扬州名厨指点下，费尽心思，终于做成了松鼠鳜鱼、金钱虾饼、象芽鸡条和葵花斩肉这四道菜。杨广品尝后，十分高兴，于是赐宴群臣，一时间淮扬菜肴风行朝野。

到了唐代，随着经济繁荣，官宦权贵们也开始讲究饮食。有一次，郇国公韦陟宴客，府中的名厨韦巨元也做了扬州的这四道名菜，并伴以山珍海味、水陆奇珍，令宾客们叹为观止。当葵花斩肉这道菜端上来时，只见那巨大的肉团子做成的葵花心精美绝伦，犹如雄狮之头。宾客们趁机劝酒道："郇国公半生戎马，战功彪炳，应佩狮子帅印。"韦陟高兴地举酒杯一饮而尽，说："为纪念今日盛会，'葵花斩肉'不如改名'狮子头'。"一呼百诺，从此扬州就添了"狮子头"这道名菜。

从"大斩肉"的名称不难看出，这道菜的出现是来源于原有的细切粗斩——江南人特有的技法，不完全是切出来的，只是后人做了改变。根据服务对象的多少，因地制宜，因材施艺，是江南厨艺的特长。500—1000人的大宴会能完全用切的吗？想做到，那要调动庞大的厨艺大军，方能完成，不太现实。中国的名菜、好菜都是通过不断改进、发展才流传下来的。

京朝淮扬菜的狮子头，肥而不腻，软嫩鲜香，入口即化，原汁原味。

中华人民共和国成立后的第一宴，总理选定了淮扬菜，进而又选定了狮子头，可以看出他对家乡的思念，也预示着中国如一头雄狮，定会崛起。

狮子头在色泽上有红色、白色之分。在600多人的宴会上，有工、农、兵、知识分子等各界人士代表，当时经过战争洗礼的中华民族，物资匮乏，在宴会上不是品味，而是吃饱吃好，上红色炸过的狮子头是理所当然的选择。在另一个小型的招待会上则选用的是白色的狮子头——清炖，彰显中华饮食菜式的多样，一菜多变，按需、按时、按地、按季而改变。以淮扬菜为代表的江苏菜系，底蕴深厚，饮食文化历史悠久，能人辈出，会运用四季生长之物做出四季有别的菜品，给后人留下了宝贵的财富。

红色多为红烧、炸、煎，看原料而定；蒸炖视环境、厨师的手法喜好而定；添加物料，视季节、需求选择，有加和不加之分。不加的称为红烧狮子头。加的品种有很多，例如淮安的虾蟹狮子头、镇江的蟹粉狮子头、开洋狮子头、盐城的鲜蛏狮子头。南通的用鲜蛤；南京的按季节有用面筋，也有用风鸡等。因材施艺是淮扬菜的一大特点。

白色，多为水汆后炖，也有汆后再蒸的手法，因地制宜。最为多见的是清炖狮子头，肉加马蹄，增加口感。最为有名的是清炖蟹粉狮子头，不加马蹄，只用蟹粉、蟹黄。原汤原味，但为了增加鲜的味道，按需求可用清汤、鸡汤、高汤等，因地制宜，可高，可中，可低。上得了殿堂，下得了民房，狮子头确是一款地地道道的民间菜，难怪周总理喜欢！

虾蟹狮子头，用锤虾法，不宜过细，佐以猪肉肥膘、蟹粉制成，不但保持虾蟹本味，还增加嫩滑口感和蟹粉的鲜香，虾圆洁白酥香，汤鲜味醇。

狮子头选料严谨，制作精细，配比得当，荤素兼具，调料简单。这种全凭技巧制作的大肉球，含有丰富的蛋白质、脂肪、多种矿物质、维生素。狮子头肥嫩而不腻，清淡而爽口，松而不散，入口即化，深受江南人民的喜爱，是民间宴席佳肴。1949 年，狮子头被列入国宴后，更是名声大噪，成为享誉中外的名菜。

国宴上的淮扬菜保留至今，狮子头的做法也在不断地改革与创新，如二十世纪九十年代后期出现了鱼狮子头，常用鳜鱼、鲈鱼、鳕鱼等雪白、肉嫩且厚的鱼制作，样式也在不断改变，为国宴菜肴增添新意。

狮子头这道菜在京朝淮扬菜的老字号中颇受关注，特别是老艺人，在选料制作上都非常注重传统。不是那样的做法，即使是又大又圆的丸子，也不能叫狮子头。同样，个头小的，也不称之为狮子头，都各有其名。

将军过桥

"将军过桥"是扬州独有的名菜，又名"黑鱼两吃"，鱼肉脆嫩，汤鲜味浓，呈乳白色，具有淮扬菜独特的风味。

原先此菜在小饭馆中为价廉物美的平民之食，后来才逐步发展成为席上名菜。扬州菜根香饭店老厨师王春龄老师傅擅长此菜，久负盛名。这道菜也是中国"四大名厨"之一、淮扬菜大师王兰的拿手菜。

民间传说黑鱼为龙宫大将，故称将军。此鱼皮厚力大，生命力很强，泥塘水枯，入淤泥中，头向上，留小孔呼吸，可数月不死。一场大雨，水满泥松，它钻出泥来，又可神气活现地生活，故亦名生鱼。因其色黑，故《本草纲目》称之为乌鳢。黑鱼是一种营养价值比较高的鱼类，富含蛋白质及多种氨基酸。

"过桥"是扬州厨膳独有的术语，指将菜肴或其他食物由原汤碗中移入另一汤碗中，犹如人由此岸经桥到彼岸，即李斗所谓用"半汤"也。制作此菜，需将鱼骨、鱼肠先在沸水中略焯，烫去腥味，后移入清水中烧汤。

扬州人吃鱼以鲜活为贵，黑鱼尤讲究活杀。市场上活黑鱼的价格有时甚至为死黑鱼价格的一倍。大黑鱼力大，手捉、去鳞、剖腹均不易把持。厨师先以刀背打击其头部令毙，然后再刮鳞、剖腹、去脏，称之为"活打"。黑鱼现挑现杀，现煮现食，其味特美。1978年，日本东京餐饮业代表团访问扬州，代表团团长曾指名品尝此菜。

制作将军过桥时，先将黑鱼宰杀，去鳞去鳃，从脊背处剖开，去脏，留肠。将鱼肠两端切除，中间用剪刀刺破，去净肠内污物，用盐拌肠抓去黏液，再用清水将鱼及肠洗干净。劈开鱼头、鱼身，剔下鱼身脊骨两侧的鱼肉。将鱼肉放在砧板上，斜劈成形似玉兰花瓣的厚鱼片，放入碗内，加蛋清、盐、水淀粉，拌匀上浆。将熟笋切成薄片，葱白切成斜刀片，姜块拍松。炒锅上火，放熟猪油，五成热时放入鱼片，用勺拨散，使鱼片分开，均匀受热。鱼片呈乳白色时起锅，倒入漏勺沥油。原锅再上火，放熟猪油，烧至油温四成热，放葱片、笋片、木耳片，略炒后加米酒、鸡汤、糖、盐、烧沸，用水淀粉勾芡。再放入鱼片炒均，加麻油，起锅装盘，即成炒菜。将鱼骨架、鱼皮、鱼肠放入沸水锅中略烫，捞出洗净，沥干。一同放入炒锅，加清水、绍酒、葱结、姜块、笋片，熬至汤成乳白色，放入菜心和木耳。待菜心烧熟后，加盐略煮，去除姜葱，起锅装汤碗，即成汤菜。一鱼两吃，有炒有汤，鱼片细嫩，鱼肠香脆，鱼汤鲜浓，物尽其用，具有不同寻常的风味。

烧熏武昌鱼

　　2014 年,中央电视台《忆旧》节目中,中国"四大名厨"之一、淮扬菜大师王兰先生之子王文玉和川菜大师罗国荣先生的第三子罗楷经被邀请出席,回忆两位大师的厨艺人生。王兰先生于 1952 年 9 月通过天津技术大比武,被招到当时的政务院做餐饮服务工作,曾跟随毛主席乘专车去武汉。烧熏武昌鱼采用的是在 1952—1954 年出现的一种创新做法,即将新鲜鱼烧制后再熟熏。这道菜受到了毛主席的称赞,之后成为师门传承菜,是有待发展的一大特色。

食无定味，适口者珍

北京同春园饭庄一级技师高国禄，善制干烧鱼。凡是尝过他烹制的干烧鱼的食客，无不交口称誉。高师傅的干烧鱼一端上桌，那股浓郁的香味便会倾倒四座。那尾枣红色的鱼上一字刀口依稀可辨，泼洒在上面的汁柔和明亮，汁上还滚动着精巧的白肉丁、冬笋丁和香菇丁，煞是好看。当你用筷子夹点儿鱼送进口里，先是甜，接着有点儿辣，继而便感到稍有点儿咸，食罢咂摸起滋味来，还有点儿酸。那菜味儿，委实妙极了。

有一天，我好奇地问起高师傅："您这手绝活儿是怎样得来的？"高师傅说："我曾在四川馆待过，又在江苏馆当厨。在四川馆时，我发现馆里的干烧鱼辣味浓，北京人吃不惯，食客们常常要求少放点儿辣，我就按照顾客的要求做了。江苏馆的干烧鱼，过去主要是甜口，没有辣味。我根据顾客的要求，把甜口稍减了点儿，辣口稍加了点儿，食客们赞不绝口。其次，我感觉四川馆的干烧鱼烧得干巴了一些，而江苏馆的又烧得松嫩了点儿。针对这种情况，我把鱼烧得柔和一些，用清油煎鱼，再煸肉丁、葱段、姜片、蒜片、豆瓣酱，烹料酒，放开水，投入调料和冬笋丁、香菇丁，用旺火烧开，转文火烧20分钟左右，最后注入明油上旺火收汁。再者，从刀工上讲，四川馆的干烧鱼配料为末状，江苏馆的配料为片状。我呢，取中，把配料改为比色子小点儿、比末又大点儿的形状，这样既突出了主料，又显出了配料，并使主料、配料的味道融为一体。另外，为了保持鱼本身的鲜味，最好不用鸡汤而用清水。至于干烧鱼的火候，要随主配料的情况灵活调节，这要在实践中去掌握。"高师傅最后说："做干烧鱼也好，做别的菜也好，除了要保持本帮菜风味外，还要吸收其他帮菜的精华。要了解顾客的心理，根据顾客的口味随时调节菜的制法。否则，你做得再好，人们也不买你的账。"

高师傅这一席话，使我不由得想起了一句名言：食无定味，适口者珍。一滴水可以折射出太阳的光芒。透过高师傅在干烧鱼上所做的一系列改革，人们可以看出"食客第一，顾客至上"的思想贯穿在高国禄技师的烹调生涯中。高明的厨师，不满足于继承前人已有的烹调成果，而是在日常的烹调实践中，时时以满足食客的要求为己任，处处以食客的口味来调节烹调术，这不就是高国禄技师的一招鲜给予我们的启示吗？

"三把勺"与松鼠鱼的传说

先说松鼠鱼，按南方传说和史书记载，当年隋炀帝下江南，流连江南四大美景，命厨师用四大美景做菜，其中就有一道松鼠鱼流传下来。虽说查无实据，但这几十年的教学中，指定教材里都有这四道菜的出现，也是必教之菜。

相传乾隆皇帝下江南吃了松鹤楼的"松鼠鱼"，才有松鼠鱼之说，其实在《调鼎集》中就有松鼠鱼的记载。今天的苏州名菜"松鼠鳜鱼"原是"全鱼炙"，当初用火烤，后为炸，乾隆以来此菜逐步流传全国，到处都有松鼠鱼。

江南多是淡水湖泊，制菜多用鳜鱼，因其身短腰肥，出菜造型十分美观。唐人张志和有"桃花流水鳜鱼肥"之句。鳜鱼为春令时菜，巨口细鳞，骨疏刺少，皮厚肉紧，营养丰富，蛋白质含量高，钙、磷、钾含量也高于其他的鱼类。以鳜鱼成菜，其味鲜美异常。有人将其比成"白龙臛"，好比天上龙肉，可见其味鲜美。

松鼠鳜鱼是江南佳肴，醋熘鳜鱼是江北名菜，都是先用油炸，后浇卤汁，但风味各异。松鼠鳜鱼造型别致，头昂尾翘，浇汁吱吱叫，不愧为苏菜之魂。

北京是政治文化中心，来客繁多。明、清两代都有南厨进京，特别是清代乾隆皇帝南巡六次，带回淮扬菜厨师张东官，组建"苏灶"，带回了淮扬菜，进而流传到民间。老字号的淮扬菜结合北京地区的诸多因素，因材施艺，因地制宜，形成了京朝淮扬菜，在北京地区有100多年历史。高国禄时期京朝淮扬菜红红火火30多年（二十世纪五十年代末至九十年代初），自有其独到之处和独特手法。

1983年，第一届全国烹饪大赛在人民大会堂举行。南京饮食公司特级厨师杨继林、苏州松鹤楼特一级厨师刘学佳、扬州富春茶社特一级点心师董德安、无锡中国饭店特二级厨师高浩兴，这四位名厨留在北京一个月，并到北京的江苏菜馆交流。就"松鼠鱼"这道菜来说，刀工南北各异，但从那以后都改成了"大麦穗"。

这里有个技术要领，与菜肴特点相关的刀工要求有很大关系。原来高国禄所处的老饭庄是北京老字号，是1930年开业的。根据北京的特点，名菜松鼠鱼刀工用的是小麦穗花刀，用湿粉糊，炸出来外焦里嫩。改变后，菜品更注重造型，必挂干粉，还像原来的小刀口，口感必然达不到质量要求，所以刀口必须放大，使其既保持刀工上的造型，又达到质量上的要求。高国禄经过多次试做后终于成功了。他的松鼠鳜鱼轰动了北京餐饮界，流传着"松鼠鱼，三把勺，头昂尾翘，浇汁吱吱叫，样子像松鼠，实在惹人笑"的话语。这道菜不光香气四溢，更有其独特的味道。老一代嘱咐我们，看家菜不能失传，传承才有生命力。

二十世纪八十年代以前，餐饮界的松鼠鳜鱼多出现在江南，那里有广阔的淡水水域。而在北方的南菜馆中出现的松鼠鱼基本上用的都是黄鱼。在 1956 年出版的《中国名菜谱》第三册中，老字号用黄鱼的居多，只有宴会上才会出现松鼠鳜鱼。北京的鳜鱼和其他淡水鱼多数是从南方运到北方的，要用鱼得到西单菜市场预订才行。海鱼是从天津运来的，只有 200 里的路程，2 个小时就到了，还能保持新鲜。

到八十年代后，新鲜的淡水鱼越来越多，在菜单上也就标上了松鼠鳜鱼。尤其改革开放后，经济大发展，餐饮界红红火火，从东到西，从南到北，不管经营什么菜的餐馆，只要有人想吃松鼠鱼，大胆的厨师就敢上手操作，出现了五花八门的制作手法，自成一套。就连扬州一些无师自通的年轻人，成为大师、大家的也不少。那谁对，谁不对——能卖出钱来就都对，都是好样的，就连老字号的老师傅们也说不出什么话来。

时代走得太快了，十年一变的菜品大潮，真让人有点儿发晕。若不是我考技师时，受到了北京饭店评委陈代增的赞扬，我真不知道究竟哪个是对，什么是标准。陈师傅拉着我的手，告诉我，这就是标准。其实他是我的师叔，是"四大名厨"之一、淮扬菜大师王兰的徒弟。

从那以后，我不断观察、总结松鼠鱼的手法、流派，发现师门传承的影响很大，在地域特点上也有很大的区别。

2018年10月，《寻味淮扬菜》一书出版。那段时间我曾多次拜访北京对餐饮界有很大贡献的知名人士——李士靖和王文桥两位老先生，他们分别赠送我"德艺双馨""传承"题字。一个是做人，一个是做事，两位老人都做了教导和指示。他们多次提到我师父的松鼠鱼"三把勺"是一绝，不能失传，并问我："你学会了吗？"我回答："有机会给您二老尝尝。"只是我退休了，没有场地，还没有满足他们的心愿，接受他们的检验，待有场地时一定不食言。

从这里可以看到老领导对我师父的松鼠鱼的欣赏，也能体会到40多年来餐饮界对高师傅松鼠鱼的赞誉。我师父

李士靖题字

王文桥题字

的绝活儿，我学会了！从王兰到高国禄（陈代增），再到李玉芬，这一脉已经做到传承有序。

在我与高国禄师傅、张万增、杨崞师兄曾经工作过的老字号里，他们这道所谓的"镇店菜"松鼠鱼，现在已经不是原来的样子了，味道已有改变。有以下几方面原因：一是刀工改为细长，炸时必然硬，无嫩感；二是上色红，番茄酱多了，改变了原有的味道，调味太浓；三是缺少调味品，改变了原来醇香酿造的特有味道；四是年轻人没有学到技艺精髓，高师傅在时他们还小，且不是他名下的徒弟；五是老字号拆迁，把老艺人都推向异处，不留在饮食公司，新店开业自然也不会想到原来的老师傅，只是挂个牌子而已。

作为高氏门派高国禄的徒弟，郇味师门掌门人，我李玉芬尊承师训：做好看家菜，看好看家菜。必须做好传承，使其发展，具有一定的生命力。百年传承的老菜绝不能丢！

鳝鱼美馔

鳝鱼，因其色黄，通称黄鳝，别名微鳞公子、粽熬将军、油蒸校尉，以其生水岸边窟中，亦名泥蟠掾、地精、土龙。以其体长，又美称为单长福。因鳝鱼上拱腹，亦名护仔鱼。

鳝鱼味美，高蛋白，低脂肪，并含有多种维生素，古籍《名医别录》列之为上品，营养价值很高。

江淮地区盛产鳝鱼，特别是淮安一带精于以鳝鱼作馔。以鳝鱼做主要原料，花式翻新，可烹制上百种菜肴，号称"长鱼席"。其传统名菜有炒鳝糊、大烧马鞍桥、长鱼炒虾仁、炒软兜、白煨脐门、酥炒鳝等。

五代时，扬州席上，整条油炸的鳝鱼"盘中虬屈，一如蛇虺之状"。到宋代，北方人喜用麻油煎物的习惯南传，江淮缙绅之家，不问何物皆用油煎。后来，油炸脆鳝广为流传。今无锡名菜"脆鳝"是油炸后不烧煮的。而酥炒鳝是先炸脆，后加佐料煮酥软，再炒食，风味很别致，适合老年人口味。

炒鳝糊，在元代时叫"南炒鳝"，明代时叫"鳝糊"，均采用长鱼烫杀后划丝，过油，投入鸡汤中煮，再加油、姜粉、韭菜至熟。到清代称"鳝鱼羹"，其做法略区别于现代淮安炒鳝糊，不用姜粉，用蒜泥。

鳝鱼的初加工方式，根据制作菜肴不同分为活杀、烫杀。活杀，一般采用生炒、滑炒、烧、炸、烤等烹调方法。活杀后有去骨、不去骨，去皮、不去皮之分。明代时烫鳝，在锅中加冷水及稻草数茎，加热使水逐渐变热，使鳝鱼在水中急游，褪尽体表黏液，再换清水使其能脱骨取出，用牙签或竹刀划成长鱼丝，有单背、双背之分。二十世纪六七十年代的烫鳝鱼方法是先用开水将鳝鱼烫死，再上火加热，至鱼口张开捞出。

二十世纪五十年代，北京苏菜馆只有三四家老字号，用鳝鱼要提前订，店里大多都备缸养殖，需要每天换水。鳝鱼喜睡，缸中要放泥鳅乱窜，使其头朝上不受压。需注意的是，有种黄色水蛇，类似鳝鱼但有毒；黑而大的鳝鱼也有毒；夜间用灯照，项上有白点的鳝鱼有毒，不能食用。

高国禄师傅的炒鳝鱼糊在京朝淮扬菜中独树一帜。因为业务忙，为保菜肴质量，他有独特的烹饪技法。菜肴深受客人喜爱，饭馆经营指标不断攀升，使他从生产组长提升到老字号的经理。他的过人之处使他在业内有一定的声望。

北京炸带汁春卷

春天卖春卷，立春正是吃春、咬春时。春卷是由春盘（圆饼卷菜）演变而来的。《武林旧事》记载，南宋宫廷中，春盘"翠缕红丝，金鸡玉燕，备极精巧，每盘值万钱"；苏东坡曾留下"青蒿黄韭试春盘"之句。民国时期，盛行"县长扶犁亲耕，鞭打春牛"的活动，并有吃春盘的习俗。春卷是圆薄饼卷菜炸制，胜于春盘，因而久受欢迎。

春卷，用鸡、鱼、肉丝配韭菜或韭黄，三种原料可分别切丝，分别炒熟调味，韭菜切段，各拌做馅；也可肉成馅，炒熟韭菜切小段，用春卷皮包裹炸制而成。外酥脆，里鲜嫩，制作难度较大。皮只用带筋面粉，少许盐，用水调面，上劲儿而成。面吃水量大，老法有抻面后水泡，也有和好面后水泡，最少泡半小时，也可泡更长时间。冬天可头天泡，第二天再制作。

老字号的北京春卷皮有一定的规格和标准，在二十世纪七八十年代这是技师必考内容。北京地区称制作春卷皮为"打皮"，先把泡面的水倒净，再把面搅上劲儿。打皮时，用手抓面放到热锅上一蘸，然后连手带面离锅，待锅中面皮周边卷起，即用手揭下来，如此循环往复，一张一张打成皮子。每张皮子要厚薄均匀，大小一致。各地对皮子大小的要求不太一样，有每斤面出 300 张的、出 200 张的、出 100 张的、出 80 张的，还有更少的。自然是面皮越大，难度越大，包出来的大小、外形及炸出来的效果也不一样。广受好评的春卷，大多是北京和上海的。

北京荷包鲫鱼

清代大文学家曹雪芹精于烹饪，能烧一手好菜。一次，他在好友于叔度家烧了一道名菜，叫"老蚌怀珠"，其外形像河蚌，腹中藏明珠，色香味形俱臻上乘，美不可言，宾主"相与大嚼"，赞不绝口。敦敏《瓶湖懋斋记盛》一文中记述了这件趣闻。惜乎只记此菜为油煎鳜鱼，腹中酿珠，至于珠系何物所制，暂付阙如。《红楼梦》爱好者纷纷猜测，有人疑为蛋清豆粉小丸子，有人猜是鸡头米，至今尚无定论。不过，曹雪芹此杰作，确是名厨高手之法，已为人们所公认。

乾隆时扬州名菜荷包鱼，一名鲫鱼怀胎，与"老蚌怀珠"相类似，不仅同用煎烹酿馅法，而且连名称都相近。不同的是荷包鱼酿肉不酿珠，用鲫鱼而不用鳜鱼。

鲫鱼又名鲋，活流水生者，其身扁，其色较白，其项不缩，无土腥气；死水小塘生者，其脊暗黑，短项缩尾，土腥气重。云南滇池鲫鱼大至五斤，扬州六合龙池鲫鱼也较大。此鱼愈大肉愈嫩，亦为我国淡水鱼中上品。

俗语云："冬鲫夏鲇。"鲫鱼入冬即肥美，至来年春夏时，就不如冬季肉厚味醇。鲫鱼子味不甚佳，但冬季的雄鲫鱼鱼白味道珍美。

荷包鲫鱼与老蚌怀珠都是古菜"酿炙鱼"的发展。南北朝时有"酿炙鱼"，鱼用白鱼，馅用熟了的鸭肉，"微火炙炙"，就是放在火上烤炙，边烤炙边刷苦酒（一种醋类调料）与豆豉汁，以发色起香。到了明朝初年，刘伯温的《多能鄙事》一书记有"穗烧鱼"，用鲤鱼，腹中酿猪肉，"杖夹烧熟"，仍是火上直接烧。到了清代，扬州一带有"荷包鱼"，用鲫鱼，馅用鸭肉，因其形如"荷包"而得名。荷包为一种特制的小口袋，内中珍藏香料或其他心爱之物，小巧玲珑，外形很美，惹人喜爱。此鱼取此名，亦有此意。

乾隆时的"荷包鱼"做法与现在扬州的"荷包鲫鱼"也是有区别的。那时是去骨，酿冬笋、火腿或鸡丝、车螯肉，每盘二尾，用线扎好后油炸，再入佐料红烧。现在则不去骨，不扎线，不用大油炸，而用浅油先煎后烹烧。但京朝淮扬菜仍保持乾隆年间的做法，开背，去骨。不过为保持造型美观，酿炙鱼、穗烧鱼、老蚌怀珠、荷包鱼有一个共同的特点：剖鱼时均从背脊开刀，不剖腹。煎鱼时，炒锅必先洗刷极净，在旺火上烧热，然后放油，油热后再煎，可以使鱼皮不粘锅，否则鱼皮滞锅，影响造型质量。

鸡汤煮干丝

扬州镇江一带，人们爱以水晶肴蹄、灌汤蟹黄包子、卤子面条或煮干丝作为早茶。

清人有《望江南》词云："扬州好，茶社客堪邀，加料千丝堆细缕……浇酒水晶肴。""加料千丝堆细缕"说的就是干丝。

干丝是豆腐干片成片后切成的细丝。扬州豆腐干久负盛名，有素干、五香干、甜蜜干（苏州蜜干同类）、臭干（湖南长沙火宫殿臭豆腐干同类）几种；按形状分有大干、茶干、臭团干之别。干丝则用大白干。经过加工，豆干可以切成片，做片状主料菜的配料；改刀成丝，做丝状主料菜的配料；还可以剖刀炸成兰花干，切小蒲块做油炸香干。

煮干丝的刀工要求很高，厨师可以用刀将大白干片成18片，切出的干丝粗细不超过火柴杆儿。

煮干丝很讲究配料和汤汁，因为豆腐干本身味很薄。清代乾隆时，扬州席上有一种菜肴叫"九丝汤"，是用豆腐百叶丝外加8种配料制作而成的。这些配料有火腿丝、笋丝、银鱼丝、木耳丝、口蘑丝、紫菜丝、蛋皮丝、鸡丝，有时还加海参丝、蛏干丝或燕窝丝。煮干丝的汤很讲究，必用鸡汤，故又名鸡汤煮干丝。多种配料的鲜香味经过烧煮，复合在豆腐干丝里，吃起来珍美异常，爽口开胃，令人食之不厌。这道菜四季均可做，而以夏季为最佳。

扬州富春茶社所售淮扬大煮干丝最受顾客欢迎。其制法比起九丝汤来，有了不少发展。加上虾仁后，被称为什锦干丝。全国各大城市的淮扬风味菜馆均挂牌供应此菜。

江南一带吃早点谓之吃早茶，其实并非以茶为主，而是要吃面点伴以汤菜之类。最可口的面点是小笼汤包，最适口的汤菜就数煮干丝了。

提起煮干丝，江南人和制作江苏菜的外地人都知道是用白豆腐干切成细丝，加上所需要的各种荤、素配料煮成的汤菜。用煮的方法制作的菜肴日常多见，但以煮这个烹调方法来为菜肴命名的，屈指可数。

煮干丝的制作过程较为复杂、麻烦，是费工、费力的菜品。早在二十世纪六十年代以前，北京城内经营江苏风味的菜馆多有供应，到了六十年代以后却没有几家供应了，这可能与后来市面上的白豆腐干质量及规格有关。要想将一块6厘米见方、约1厘米厚的豆腐干片成17—18片，甚至多达20片，再切成细若白棉线的细丝来，不费一番苦心难成功。要掌握加工过程中的每个环节的技法，把握操作要领，才能达到要求。

其一是选料、出水。要选择大小一致、较厚、边缘整齐的白干，然后放入冷水锅中上火，逐渐加热，待锅中有气泡冒起，约在八成开时改为小火煮，且不可开锅，煮制25—30分钟即可捞起，码放在木制的案板上。其上再放上平整的托盘或木板，上面还需压上重物，2—3小时后即可取下重物及托盘，将白干打开，见风，至完全冷却。这一过程被称为出水。但它与其他原料出水不同，不能用开水，更不能开锅，否则白干内部会起蜂窝孔，失去绵软性。因此出水是本菜质量的第一关键工序。

其二是工具的选择及刀工中力的运用。首先要选好刀与菜墩子，刀不可过重，墩子要平。刀过重则刀膛必厚，白干不易片薄；刀过轻、过窄，切时不易掌握。因此，要根据自己的情况与习惯选用刀型，才能将白干片得薄，干丝切得匀细，且不跑刀、不连刀。操作时，先将白干平放在墩子内侧约2厘米处，右手持刀，左手按稳白干，刀放平，刀身向右平推，力完全集中于腕部；片到顶端时，用左手掌下部顶住原料，右手拇指与食指稍用力将刀持起，使上片与下面分开。按此法操作，通常可将一块白干片成17—18

片，但这还要视豆腐干的厚薄而定。片好的白干既成片又不碎，厚薄均匀，方为合格。切丝是本菜的关键。操作时，先将片好的白干放在菜墩子上，再切丝。切丝时，力量放在腕部，动作不是切脆性原料所采用的抖腕，而是直腕，切得时间长，比抖腕要累。因为原料易碎且软，一般切完四刀后，第五刀下刀完毕就要向右拨动原料；这样连续下去，可以减少碎料。

其三是烫干丝，并准备配料。将切好的干丝放入热水中浸烫两三次，用筷子拨动，防止粘连。此时干丝的豆腥味基本没有了。

至于煮什么样的干丝，就要看你选什么配料。鸡火煮干丝自然离不开鸡丝、火腿；淮鱼干丝离不开鳝鱼；大煮干丝也称扬州大煮干丝，其配料较其他品种多些；什锦干丝的配料就更多了。喜食辣者，可配以姜丝。

切配停当，就要煮了，要选用浓鸡汤，放入干丝及配料，上火煮开后加入调味品，再改为小火煮。时间不能过长，也不要反复煮，防止粘连。制汤需要汤浓，白、红、绿、黄配料互相衬托。此菜的特点是汤浓、鲜润、绵软、香美可口。

翠珠鱼花

主料：草鱼 1 条（约 1250 克）

辅料：绿车厘子 12 个、绿莴苣 500 克、葱姜各 10 克

调料：料酒 20 克、盐 3 克、米醋 75 克、酱油 10 克、淀粉 500 克、油 1500 克、胡椒粉 0.5 克、番茄酱 65 克

制作步骤：

1. 草鱼初加工：刮鳞，剖腹去内脏，洗净，切下鱼头，保留两个分划水，劈开鱼头，不切断，去鱼牙、喉，洗净。

2. 切下鱼尾部分约 10 厘米，劈鱼尾骨，去 3 厘米，肉相连，尾叉部分修齐，葱姜切末备用。

3. 从鱼的中段取下两侧软边，片去腹部及肋刺，剞十字花刀，两片都剞完后，取其中一片，切下 6 厘米长的小块，形成大、中、小三块鱼肉，备用。

4.将鱼肉用料酒、葱姜、胡椒粉腌制入味。

5.莴苣削成圆球备用，水汆后入味，待用。

6.将从中段取下的三块鱼肉沾上干粉，分别用竹签别好，形成圆圈状；头尾沾粉，备用。

7.锅中油烧至八成热，放入大圈、中圈、小圈，炸挺，捞出；再提高油温复炸，待鱼尾定型能立住，放入鱼头炸熟，至金黄色捞出装盘。

8.装盘时，头昂、尾翘，中间鱼大圈在底部，中圈在中间，小圈在最上面。

9.净锅一口，加底油、葱姜、番茄酱煸炒，加酱油、米醋、盐、高汤、水粉芡；将调好的热汤汁浇到鱼上，翠珠10个排在盘边，即成。

特点：
造型美观，茄汁味浓，酸甜适度。

罗汉肚

主料: 猪肚 500 克、猪肉（肥瘦）500 克、猪肘 500 克、猪肉皮 250 克

辅料: 豌豆 50 克、胡萝卜 50 克、香菇 25 克

调料: 白糖 25 克、料酒 50 克、酱油 50 克、花椒 10 克、醋 50 克、桂皮 15 克、五香粉 10 克、大葱 50 克、八角 25 克、姜 50 克、糖色 3 克、盐 30 克、味精 6 克

制作步骤:

1. 将猪肚刮去油脂，用精盐、醋揉搓肚上的黏液，搓揉干净后，用清水冲净，控去水分。

2. 把肘头和肉皮上的残毛刮净，放入开水锅中烫透，捞出洗净。

3. 将胡萝卜、香菇切丁待用。

4. 把洗净的猪肚用精盐、葱段、姜片和花椒拌匀，腌制好。

5. 取一铁锅，上火，倒入鸡汤，加入葱段、姜片、八角、桂皮、料酒、白糖和余下的盐，将猪肉、肘头、肉皮放入锅内烧制。

6. 锅开后，撇去浮沫，改小火炖至八成熟，捞出猪肉、肘头、肉皮晾凉。

7. 将猪肉、肘头切成片，肉皮切成丝备用。

8. 把豌豆、胡萝卜、香菇、猪肉片、肘头片、肉皮丝放入盆内，加入葱末、姜末、味精、五香粉拌匀，装入猪

肚内，并用竹签将肚口封好，放入开水锅中烫一下。

9.在原煮锅内加入清水1升，调好口味，把猪肚放入锅内煮熟，捞出控净水，用重物将猪肚压扁，晾凉后拆去竹签，食用时切片装盘即成。

特点：

五香味浓，色泽美观，为佐酒下饭佳肴。

糯米桂花藕

主料: 莲藕、糯米

辅料: 红枣、红糖、冰糖、干桂花

制作步骤:

1. 糯米浸泡 3—4 小时。

2. 莲藕洗净不去皮,从莲藕的一头切下两三厘米的帽子。

3. 将糯米灌入,灌一点儿用筷子捅一下,全部填满后用牙签封口固定。

4. 将灌好的藕放入锅中,加入适量的水,没过莲藕即可;调入红糖、冰糖、红枣,依个人喜好增减到适合的甜度。

5. 选择电饭煲的粥/汤档煮2小时,保温3小时以上。(不着急吃的话可以用剩余的汤汁再煨一下。)

6. 将莲藕取出,去掉牙签,切成厚片。

7. 将煮藕的汤汁熬成稠汁后淋在藕片上。

8. 撒上干桂花即可享用。

酸辣蓑衣黄瓜

主料: 黄瓜 1 根

辅料: 小葱 1 根、蒜 5 克、姜 5 克、干辣椒适量

调料: 盐 2 克、食用油 5 克、醋 5 克、生抽 3 克、白糖 5 克

制作步骤:

1. 将小葱切段，蒜、姜切片。

2. 黄瓜两边各放一根筷子，刀刃与筷子呈 45 度角斜刀切，注意不要切断，切完一面，翻转 180 度，再切另一面。

3. 将切好的黄瓜放入碗中，加入盐，腌制 1 小时。

4. 起锅倒入食用油，葱段、姜片、蒜片、适量干辣椒，大火爆香。

5. 拿一个小碗，倒入生抽、醋、白糖，再倒入热油，搅拌均匀。

6. 将料汁倒到黄瓜上，装盘即可食用。

香辣牛肉

主料： 牛肉

辅料： 生姜、小葱、大蒜、香菜

调料： 香料（八角、桂皮、香叶、干辣椒、花椒）、料酒、蚝油、辣椒面、白芝麻、生抽、老抽、盐、陈醋、白糖、芝麻香油

制作步骤：

1.将牛肉等食材清洗干净，生姜切成薄片；小葱一部分切成小段，一部分切成葱花，葱白和葱绿分开；大蒜去掉外皮，切成蒜末；香菜切成小段备用；将香料用清水清洗一下，洗去表面的灰尘。

2.锅中倒入适量清水，将洗净的牛肉下入冷水锅中，加入姜片、葱段、盐、蚝油、老抽及香料，再倒入适量料酒去腥；开大火煮开后撇去锅中浮沫，浮沫撇干净后开小火继续煮 40 分钟。

3. 先调制一碗料汁，碗中加入切好的葱白、蒜末、一勺辣椒面、一勺白芝麻，然后起锅倒入适量食用油，油温七成热后淋入碗中，将葱、蒜、辣椒面、白芝麻的香味激发出来，然后搅拌均匀；随后开始调味，加入适量生抽、陈醋、白糖、芝麻香油，搅拌均匀后料汁就调制好了，放置一旁备用。

4. 40 分钟后，牛肉煮好，关火后不要急于将牛肉捞出，继续放在汤中浸泡 20 分钟，使之更入味；20 分钟后将牛肉捞出，切成薄片，装入碗中，倒入提前调制好的料汁，再加入切好的香菜、葱花，抓拌均匀后装入盘中，这道简单的凉拌牛肉就做好了。

特点：

牛肉香辣，爽口入味，不干不柴。

糟香鸭肝

主料： 鸭肝 500 克

调料： 盐 3 克、鸭油 15 克、香糟酒 50 克、姜汁水 10 克、味精 5 克、白糖 50 克、鸡汤适量

制作步骤：

1. 将鸭肝剔去筋膜，放入沸水锅中烫一下即可捞出，

去除血污。

2.把烫好的鸭肝放入盆内，加入盐、味精、白糖、鸡汤、姜汁水、香糟酒和鸭油，上笼蒸15分钟后取出。

3.将蒸好的鸭肝切成厚片，码入汤盘中；将蒸鸭肝的原汤过滤后浇在鸭肝上即成。

制作提示：

1.宜选用肝叶完整、剔去胆囊、除去血污的净鸭肝。

2.鸭肝与香糟酒等料需一同上笼蒸，才能使鸭肝软嫩且入味。

特点：

鸭肝软嫩，营养丰富，香糟味浓。

脆米冲汁石斑鱼

主料: 石斑鱼

辅料: 脆米、金瓜泥、高汤、火腿细丝、葱丝

调料: 盐、鸡汁、花椒油、芝麻香油、淀粉

制作步骤:

1.将石斑鱼片成蝴蝶薄片，冲水，然后放入盐，上浆吸水备用。

2.起锅放入高汤,用金瓜泥调色,放入盐、鸡汁、花椒油、芝麻香油少许调味,勾芡备用。

3.起锅烧水，下入底味，锅开以后将鱼片放入漏勺里，烫 4—5 秒捞出。

4.餐具中放入脆米垫底，再放入烫好的鱼片摆好，上面放火腿细丝，用喷火枪烧一下，倒入调好的汤汁，放葱丝点缀即可。

特点：

色泽鲜艳，口感滑嫩，鲜香味美。

江南自制年糕烧黄鱼

主料： 大黄鱼

辅料： 年糕、葱、姜、蒜

调料： 食用油、盐、白糖、蚝油、红烧酱油、料酒、八角、桂皮

制作步骤：

1.大黄鱼宰洗干净。

2. 锅中放少许油，将黄鱼煎至两面金黄，盛出。

3. 锅中另放油，下葱、姜、蒜、八角、桂皮炒香。

4. 放入煎好的鱼，倒入料酒烹一下，去除腥味，再倒入红烧酱油、盐、白糖、蚝油、年糕，加水，以刚没过黄鱼为好。

5. 大火烧开后，转小火焖至年糕软糯，汤汁变浓，即可出锅。

特点：

色泽金红，卤汁不腻，鱼肉酥嫩，味道鲜美。

鸡汤大煮干丝

主料： 豆腐干

辅料： 鸡脯肉、虾仁、火腿、冬笋、葱、姜

调料： 料酒、盐

制作步骤：

1. 把鸡脯肉洗净。

2. 准备鸡汤。锅内加水，放入鸡脯肉、葱、姜、料酒，大火烧开，小火煮 30 分钟。

3. 将豆腐干切成细丝，放入热水中焯一下。

4. 把火腿、鸡脯肉、冬笋切成细丝。

5. 锅内加入水和鸡汤，放入干丝。

6. 放入鸡脯丝，大火烧开。

7. 15 分钟后放入虾仁，加盐调味，然后再放入火腿丝；盛入碗中即可。

特点：

色泽美观，汤汁浓厚，味鲜可口。

江南酥皮小牛肉

主料：牛肋排 1 块

辅料：香菜 500 克、蒜 400 克、胡萝卜 400 克、西芹 500 克、鲜橙皮 250 克、洋葱 500 克、姜 150 克、葱 250 克、西红柿 50 克、鲜香菇 500 克

调料：盐 100 克、味精 250 克、鸡粉 250 克、生抽 250 克、老抽 150 克、冰糖 250 克、干陈皮 50 克、黑椒碎 75 克、豆蔻 10 克、香叶 15 克、五香粉 5 克

制作步骤：

1.制作鲜橙皮。先将鲜橙子去心留皮，片薄以后改刀成长条，用糖腌制10分钟，再加少许蜂蜜腌制10分钟，加入冰糖后入锅收汁，小火收浓。

2.制作牛肉汁。把香菜、蒜、胡萝卜、西芹、鲜橙皮、洋葱、姜、葱、西红柿、鲜香菇等材料全部用烤箱烤1小时50分钟，上层230℃，下层190℃。烤好以后加水5升、盐、味精、鸡粉、生抽、老抽、冰糖、干陈皮、黑椒碎、豆蔻、香叶、五香粉，一起熬制，把蔬菜香味熬出来后再过滤，制成牛肉汁。

3.牛肋排加葱、姜、干陈皮上蒸箱直接蒸熟，蒸熟后待肉放凉去骨改刀，改成菱形块或者三角块。时间自己掌握一下，肉不能太烂。

4. 将改刀后的牛肉炸两遍，油温稍高。

5. 牛肉汁在锅里收浓，再放入炸好的牛肉块，加蒜末，进行炒制。

特点:

外酥里嫩，香甜可口。

辣子鸡

主料: 现杀小公鸡 1600 克

辅料: 薄皮辣椒 200 克、红米椒 20 克、大葱 50 克、姜 100 克、蒜 100 克、香菜 20 克、猪油 200 克、花生油 200 克

调料: 甜面酱 50 克、酱油 15 克、花椒 5 克、八角 10 克、小茴香 3 克、干辣椒段 5 克、料酒 30 克、米醋 30 克、盐少许、味精少许

制作步骤:

1. 将鸡肉剁成小块，辣椒切滚刀块，葱切小段，姜切成片，蒜用刀拍碎，香菜切段备用。

2. 炒锅烧热，加入猪油和花生油，烧至八成热，下入鸡块，翻炒至鸡块收紧，表面呈杏黄色。

3. 放入花椒、八角、小茴香、干辣椒段、葱、姜，炒出香味后下入料酒、米醋、甜面酱、酱油，翻炒均匀后，

加入水，小火煨 20 分钟；待汤汁收浓，加入薄皮辣椒、红米椒、蒜、香菜、盐、味精，翻炒均匀即可。

特点：

香辣咸鲜，味道鲜美。

白炒香螺片

主料: 香螺约 400 克

辅料: 葱 20 克、蒜 10 克、冬笋 30 克、青椒 20 克、香菇 10 克、胡萝卜 10 克

调料: 盐 3 克、味精 5 克、麻油 1 克、糖 2 克、料酒 3 克、胡椒粉 2 克、高汤适量、淀粉少许

制作步骤:

1. 将香螺片成厚薄均匀的薄片。

2. 将葱切段,香菇切片,胡萝卜切片,青椒切菱形片,蒜剁蓉,冬笋切片,备用。

3. 取个碗,加入高汤,再加入调料和少许淀粉,拌匀,调成碗芡。

4. 锅中烧水,加少许油,待水沸后加入辅料,焯水后捞出;待水温降到 80 度时,倒入螺片后迅速捞起,备用。

5. 置锅，锅中倒入油，将调好的芡汁倒入锅中，再倒入焯好的螺片及辅料，加入包尾油后迅速翻炒，装入盘中即可。

特点：
色泽亮丽，质地脆嫩，鲜香爽口。

虾子海参

主料：海参

辅料：虾子、葱、姜

调料：高汤、酱油、绍酒、胡椒粉、湿淀粉、盐、味精、白糖、蚝油、明油

制作步骤：

1. 锅中放水，倒入海参焯水，加绍酒去腥，焯片刻捞起备用。

2. 锅中下油，下姜片、葱段、蚝油、虾子、绍酒、高汤，然后下入海参、盐、味精、胡椒粉、白糖、酱油，烧制 5 分钟。

3. 待海参入味后，用湿淀粉勾芡，淋入明油，装盘即可。

软炒全蟹

主料: 河蟹 1 只
辅料: 蛋清、蟹黄、蟹肉、鲜奶
调料: 清汤、高汤、盐、味精、湿淀粉

制作步骤:

1.将河蟹蒸熟后,取出蟹黄、蟹肉,清理蟹斗,备用。

2.蛋清加鲜奶搅拌均匀,加入盐、味精、湿淀粉。

3.置锅倒油,倒入搅拌好的鲜奶液,炒至雪花状,捞起。

4.锅中加入清汤、盐、味精,倒入炒好的鲜奶,勾芡,装入蟹斗内。

5.置锅,倒入蟹黄、蟹肉炒香,加入高汤、盐、味精,用湿淀粉勾芡后,均匀地倒在鲜奶之上。

富贵鱼米

主料: 鲈鱼泥 350 克

辅料: 鸡头米 100 克、豌豆粒 25 克、胡萝卜圆子 25 克、小雀巢 6 个、蛋清适量

调料: 葱末、姜末、盐、味精、鸡精、胡椒粉、白糖、淀粉、明油

制作步骤:

1. 鲈鱼泥加蛋清、清水、盐、味精做成鱼米。

2. 将鸡头米、胡萝卜圆子、豌豆粒用水汆煮一下,捞出备用。

3. 将小雀巢炸一下。

4. 锅里留油,加入葱末、姜末炒出香味,下主辅料,加盐、味精、鸡精、胡椒粉、白糖、少许清水,勾芡后打明油,出锅放入炸好的雀巢内。

特点:

鱼肉滑嫩,味道鲜美。

竹排鳝鱼

主料: 活大黄鳝 750 克

辅料: 五花肉 100 克、冬笋 50 克、水发香菇 50 克、蒜薹 150 克

调料: 料酒 35 克、精盐 5 克、白糖 3.5 克、味精 3 克、酱油 15 克、米醋 15 克、胡椒粉 2 克、水淀粉 15 克、葱 15 克、姜 15 克、大蒜瓣 25 克、香油 10 克、花生油 750 克

制作步骤:

1. 将大黄鳝侧身平放在木案上,用小钉将头部钉牢,用小刀从腹下剖开,掏净内脏,剁下鱼头和鱼尾,洗净,再改成 5 厘米长的段,备用。

2. 五花肉用刀切成 5 厘米长、1 厘米厚的片,用刀拍松,冬笋切成骨牌片,与水发香菇同下开水锅中烫一下,捞出

161

待用。葱、姜、蒜分别切成细末。

3. 将蒜薹改刀成 20 厘米长，焯水过凉，摆成竹排备用。

4. 取锅上火，倒入花生油 750 克，烧至八成热，随即将鳝段下入锅内，炸至皮缩肉翻时，倒入漏勺内控油。

5. 原锅留油少许，继续上火，放入葱、姜、蒜末煸出香味，再放入肥瘦猪肉片煸至断生，加料酒、酱油、白糖、精盐、胡椒粉、米醋、水，最后将鳝段、冬笋片、香菇一同下锅，旺火烧开，撇净浮沫，再转至微火慢烧。待烧至软烂后，转至旺火，用水淀粉收浓芡汁，淋入香油，出锅装在蒜薹制作的竹排上即可。

韭黄炒鸡丝

主料: 净鸡脯肉 200 克

辅料: 韭黄 150 克、冬笋 80 克、蛋清适量、枸杞 2 克

调料: 黄酒 15 克、精盐 5 克、味精 3 克、白糖 2.5 克、葱 15 克、姜 15 克、水淀粉 50 克、色拉油适量

制作步骤:

1. 将鸡脯肉切成长 3 厘米左右、粗细均匀的细丝，放于碗中，加入蛋清、盐、水淀粉，浆好。

2. 将韭黄用清水漂洗干净，捞出控干水分，冬笋切丝备用。葱、姜分别切成细末。另取小碗放入清水、黄酒、精盐、味精、水淀粉、白糖，兑成碗汁。

3. 炒锅上火烧热，倒入色拉油，待油温至两成热时下

入浆好的鸡丝，滑透，加入冬笋丝，片刻倒入漏勺中。

4.锅内留油少许，重新上火，下入葱、姜末烹锅，煸出香味后再将滑好的鸡丝和冬笋丝倒入锅内，并及时烹入兑好的碗汁，加入韭黄翻炒均匀，起锅盛于盘内，点缀枸杞即可。

凤尾生敲

主料： 活黄鳝 1000 克、八头对虾 8 只

辅料： 冬笋 50 克、水发香菇 50 克、五花肉 50 克、小油菜 150 克、蛋清 1 个、胡萝卜 1 根

调料： 黄酒 25 克、盐 5 克、味精 3.5 克、米醋 15 克、白糖 5 克、酱油 10 克、胡椒粉 5 克、葱 25 克、姜 25 克、大蒜 25 克、香油 10 克、色拉油适量、水淀粉适量

制作步骤:

1.将活黄鳝用刀拍昏,腹部朝下,用小钉将头钉在木案子上,右手握住刀背,用刀尖贴脊背骨划至尾部,剔出三棱骨,剁去鱼头,去掉内脏,用洁布擦干黏液,然后在鳝鱼身上拍敲,剞上十字花刀,改成5厘米长的菱形块备用。

2.将冬笋切成骨牌片,水发香菇改成同样大小的块,五花肉切成鸡冠片,葱、姜、蒜切粒。

3.将大虾去头留尾开背,加入葱、姜、盐、蛋清和水淀粉,做成小鸟形,将胡萝卜刻成翅膀和鸟嘴,上蒸箱蒸6分钟拿出,和焯过水的小油菜装盘备用。

4.取锅倒油,烧至七成热,再下入鳝鱼肉炸至虎皮色、肉翘起,起锅倒入漏勺中。

5.原锅留油少许,投入猪肉片、葱、姜、蒜、冬笋和香菇煸炒,加黄酒、盐、白糖、酱油、米醋、胡椒粉、水,放入鳝鱼肉,待开锅后,撇净浮沫,转至微火慢炖。

6.待鳝鱼肉软烂,将汤汁收浓,起锅装在摆好的盘中,把做好的凤尾小鸟和油菜加热,摆放在盘边。

酥燸鲫鱼

主料: 鲫鱼 500 克

调料: 黄酒 15 克、盐 5 克、味精 2 克、米醋 50 克、白糖 35 克、酱油 15 克、胡椒粉 5 克、葱 15 克、姜 15 克、香油 10 克、色拉油 500 克（实耗 100 克）

制作步骤:

1. 鲫鱼洗净，葱切 6 厘米左右长段，姜切丝。

2. 炒锅上旺火，烧热后倒入油，烧至六成热，将鲫鱼放入油锅炸熟，在热油内养 10 分钟，再上火炸至鱼浮起、脱水。

3.将葱齐排在砂锅底部，再将鱼逐条整齐排在葱段上，再放一层葱，葱上再放鱼，共叠两层鱼。鱼上放姜丝，再加酱油、黄酒、米醋、白糖、香油、清水，以淹没鱼身为度，在旺火上烧沸，再转至小火，加盖焖4小时，直至鱼酥汤稠，耗至仅见油时，取出，装盘即成。

特点：

鱼味葱香扑鼻，肉松骨酥适口。

荷叶粉蒸肉

主料：精五花肉（带皮）600克
辅料：大米200克、鲜荷叶2张
调料：八角2克、桂皮3克、甜面酱10克、大葱10克、

姜 10 克、黄酒 5 克、香油 5 克、盐 3 克

制作步骤：

1.将五花肉刮洗干净，切成 7 厘米的块，再切成约 4 毫米厚的片。将大米与八角、桂皮同炒，见黄取出，碾成米粉。葱姜切粒，荷叶切去叶心洗净备用。

2.把葱、姜、甜面酱、盐、香油、黄酒及切好的肉一同放入盆中拌匀，再加入米粉，拌匀待用。

3.把拌好的肉均匀码好定碗，放在荷叶上分别包裹好，分装两碗之中。上笼武火蒸约 3 小时，使肉酥出油为度，出笼置于盘中，整形摆好。

特点：

浓郁而清香，肥而不腻。

酱牛肉

主料：牛腱肉 2 斤

辅料：大葱 1 段、生姜 1 块

调料：花椒 1 小勺、桂皮 2 块、香叶 2 片、八角 2 个、盐 3 小勺、料酒 3 大勺、酱油 4 大勺、黄酱 1 小袋（约 100 克）

制作步骤：

1.牛腱肉用清水冲洗干净，去除表面血污。

2.将肉放入冷水锅中，用大火煮开，撇去浮沫，直至

血水除净，将牛肉捞出，备用。

3.大葱洗净，切成4厘米长的斜段；生姜洗净，切片。

4.将所有辛香料用纱布包裹，做成香料袋。

5.将牛腱肉放在砂锅中，加入足量开水，完全没过肉块，放入香料袋。

6.加入葱段、姜片、八角、盐、料酒、酱油、黄酱，搅拌均匀。

7.盖上锅盖，开大火煮30分钟，然后转小火炖约1.5小时。

8.打开锅盖，转成大火，继续炖15分钟，使牛肉充分入味。最后，捞出牛肉，沥干，放凉，切成0.3厘米的薄片，即可食用。

松鼠鳜鱼

主料: 鳜鱼 1 条

辅料: 葱 1 段、蒜 3 瓣、冬笋 1 块、冬菇 2 朵、豌豆 1 大勺、虾仁 8 个

调料: 料酒 1 大勺、盐 1 小勺、胡椒粉 1 小勺、淀粉半碗、油 2 碗、香油 1 小勺、番茄酱 3 大勺、清汤半碗、白糖 1 大勺、醋 1 大勺、料酒 1 大勺、生抽 1 大勺、水淀粉 1 大勺

制作步骤:

1.葱洗净，切段；蒜去皮，洗净切末；冬笋和冬菇洗净，切丁备用。

2.豌豆、冬笋、冬菇、虾仁入沸水焯烫，捞出滗干；鳜鱼洗净，切下鱼头，备用。

3.将鱼身两侧的肉沿着鱼骨片开，尾巴不切断，剔除鱼骨。

4. 切下的鱼肉皮朝下摊开，切花刀，分别将料酒、盐、胡椒粉、淀粉均匀涂抹在鱼肉和鱼头上。

5. 锅中倒油，烧至七成热，将鱼肉翻卷，翘起鱼尾成松鼠形，再一手拎住鱼尾，一手持筷夹住另一端，放入油锅。

6. 炸约 20 秒，使其成形，然后将鱼脱手放入油锅中，同时投下鱼头，炸至呈淡黄色时捞起。

7. 待油温升至八成热，投入鱼肉复炸至金黄，捞出装盘，再放上鱼头，使鱼头和鱼尾翘起。

8. 锅内留底油，煸香葱段，加蒜末、调味汁和焯好的豌豆、冬笋、冬菇、虾仁，大火烧至浓稠。

9. 最后，淋入香油，将烧好的浓汁浇在鱼身上，即可食用。

图书在版编目（CIP）数据

郇味苏菜 / 李玉芬主编 . -- 石家庄：河北教育出
版社，2023.4
ISBN 978-7-5545-7750-9

Ⅰ.①郇… Ⅱ.①李… Ⅲ.①苏菜－介绍 Ⅳ.
① TS972.182.53

中国国家版本馆 CIP 数据核字（2023）第 063210 号

书　　名	郇味苏菜	
	XUNWEI SUCAI	
主　　编	李玉芬	
出 版 人	董素山	
总 策 划	贺鹏飞	
责任编辑	管非凡	
特约编辑	刘文硕	
绘　　画	申振夏	
装帧设计	鹏飞艺术	

出　　版	河北出版传媒集团	
	河北教育出版社　http://www.hbep.com	
	（石家庄市联盟路 705 号，050061）	
印　　制	天津丰富彩艺印刷有限公司	
开　　本	889 mm × 1194 mm　　1/32	
印　　张	6	
字　　数	125 千字	
版　　次	2023 年 4 月第 1 版	
印　　次	2023 年 4 月第 1 次印刷	
书　　号	ISBN 978-7-5545-7750-9	
定　　价	59.80 元